全国科学技术名词审定委员会

公　　布

科学技术名词·工程技术卷（全藏版）

23

化 学 工 程 名 词

CHINESE TERMS IN CHEMICAL ENGINEERING

化工名词审定委员会

国家自然科学基金资助项目

科 学 出 版 社

北　京

内 容 简 介

本书是全国科学技术名词审定委员会审定公布的化学工程名词。内容包括：通类、化工热力学、传递过程与单元操作、化学反应工程、过程系统工程、生物化学工程、数据处理等七个部分，共 2164 条。本书是科研、教学、生产、经营、新闻出版等部门使用的化学工程规范名词。

图书在版编目(CIP)数据

科学技术名词. 工程技术卷：全藏版 / 全国科学技术名词审定委员会审定. —北京：科学出版社，2016.01

ISBN 978-7-03-046873-4

I. ①科… II. ①全… III. ①科学技术–名词术语 ②工程技术–名词术语 IV. ①N-61 ②TB-61

中国版本图书馆 CIP 数据核字(2015)第 307218 号

责任编辑：王宝瑄 / 责任校对：陈玉凤
责任印制：张 伟 / 封面设计：铭轩堂

科学出版社 出版
北京东黄城根北街 16 号
邮政编码：100717
http://www.sciencep.com
北京厚诚则铭印刷科技有限公司印刷
科学出版社发行 各地新华书店经销
*
2016 年 1 月第 一 版 开本：787×1092 1/16
2016 年 1 月第一次印刷 印张：9
字数：205 000

定价：7800.00 元(全 44 册)

(如有印装质量问题，我社负责调换)

全国自然科学名词审定委员会
第二届委员会委员名单

主　任：卢嘉锡

副主任：章　综　林　泉　王冀生　林振申　胡兆森　鲁绍曾　于永湛　苏世生　潘书祥

委　员（以下按姓氏笔画为序）：

马大猷　马少梅　王大珩　王子平　王平宇
王民生　王伏雄　王树岐　石元春　叶式辉
叶连俊　叶笃正　叶蜚声　田方增　朱弘复
朱照宣　任新民　庄孝僡　李　竞　李正理
李茂深　杨　凯　杨泰俊　吴　青　吴大任
吴中伦　吴凤鸣　吴本玠　吴传钧　吴阶平
吴钟灵　吴鸿适　宋大祥　张　伟　张光斗
张青莲　张钦楠　张致一　阿不力孜·牙克夫
陈鉴远　范维唐　林盛然　季文美　周明镇
周定国　郑作新　赵凯华　侯祥麟　姚贤良
钱伟长　钱临照　徐士珩　徐乾清　翁心植
席泽宗　谈家桢　梅镇彤　黄成就　黄昭厚
黄胜年　曹先擢　康文德　章基嘉　梁晓天
程开甲　程光胜　程裕淇　傅承义　曾呈奎
蓝　天　豪斯巴雅尔　潘际銮　魏佑海

化工名词审定委员会委员名单

顾　问：时　钧　郭慕孙　陈家镛　汪家鼎　侯虞钧
　　　　余国琮

主　任：陈鉴远

副主任：苏健民　朱永铭

委　员　（按姓氏笔画为序）：

　　朱炳辰　严子纲　李光泉　杨友麒　杨守志
　　陈甘棠　金彰礼　周　理　秦霁光　袁　权
　　郭长生　萧成基　蒋楚生　魏寿彭

秘　书：施惠明　黄志学　戴国庆

序

科技名词术语是科学概念的语言符号。人类在推动科学技术向前发展的历史长河中，同时产生和发展了各种科技名词术语，作为思想和认识交流的工具，进而推动科学技术的发展。

我国是一个历史悠久的文明古国，在科技史上谱写过光辉篇章。中国科技名词术语，以汉语为主导，经过了几千年的演化和发展，在语言形式和结构上体现了我国语言文字的特点和规律，简明扼要，蓄意深切。我国古代的科学著作，如已被译为英、德、法、俄、日等文字的《本草纲目》、《天工开物》等，包含大量科技名词术语。从元、明以后，开始翻译西方科技著作，创译了大批科技名词术语，为传播科学知识，发展我国的科学技术起到了积极作用。

统一科技名词术语是一个国家发展科学技术所必须具备的基础条件之一。世界经济发达国家都十分关心和重视科技名词术语的统一。我国早在1909年就成立了科技名词编订馆，后又于1919年中国科学社成立了科学名词审定委员会，1928年大学院成立了译名统一委员会。1932年成立了国立编译馆，在当时教育部主持下先后拟订和审查了各学科的名词草案。

新中国成立后，国家决定在政务院文化教育委员会下，设立学术名词统一工作委员会，郭沫若任主任委员。委员会分设自然科学、社会科学、医药卫生、艺术科学和时事名词五大组，聘任了各专业著名科学家、专家，审定和出版了一批科学名词，为新中国成立后的科学技术的交流和发展起到了重要作用。后来，由于历史的原因，这一重要工作陷于停顿。

当今，世界科学技术迅速发展，新学科、新概念、新理论、新方法不断涌现，相应地出现了大批新的科技名词术语。统一科技名词术语，对科学知识的传播，新学科的开拓，新理论的建立，国内外科技交流，学科和行业之间的沟通，科技成果的推广、应用和生产技术的发展，科技图书文献的编纂、出版和检索，科技情报的传递等方面，都是不可缺少的。特别是计算机技术的推广使用，对统一科技名词术语提出了更紧迫的要求。

为适应这种新形势的需要，经国务院批准，1985年4月正式成立了全国自然科学名词审定委员会。委员会的任务是确定工作方针，拟定科技名词术语审定工作计划、实施方案和步骤，组织审定自然科学各学科名词术语，并予以公布。根据国务院授权，委员会审定公布的名词术语，科研、教学、生产、经营以及新闻出版等各部门，均应遵照使用。

全国自然科学名词审定委员会由中国科学院、国家科学技术委员会、国家教育委员会、中国科学技术协会、国家技术监督局、国家新闻出版署、国家自然科学基金委员会分别委派了正、副主任担任领导工作。在中国科协各专业学会密切配合下，逐步建立各专业审定分委员会，并已建立起一支由各学科著名专家、学者组成的近千人的审定队伍，负责审定本学科的名词术语。我国的名词审定工作进入了一个新的阶段。

这次名词术语审定工作是对科学概念进行汉语订名，同时附以相应的英文名称，既有我国语言特色，又方便国内外科技交流。通过实践，初步摸索了具有我国特色的科技名词术语审定的原则与方法，以及名词术语的学科分类、相关概念等问题，并开始探讨当代术语学的理论和方法，以期逐步建立起符合我国语言规律的自然科学名词术语体系。

统一我国的科技名词术语，是一项繁重的任务，它既是一项专业性很强的学术性工作，又涉及到亿万人使用习惯的问题。审定工作中我们要认真处理好科学性、系统性和通俗性之间的关系；主科与副科间的关系；学科间交叉名词术语的协调一致；专家集中审定与广泛听取意见等问题。

汉语是世界五分之一人口使用的语言，也是联合国的工作语言之一。除我国外，世界上还有一些国家和地区使用汉语，或使用与汉语关系密切的语言。做好我国的科技名词术语统一工作，为今后对外科技交流创造了更好的条件，使我炎黄子孙，在世界科技进步中发挥更大的作用，作出重要的贡献。

统一我国科技名词术语需要较长的时间和过程，随着科学技术的不断发展，科技名词术语的审定工作，需要不断地发展、补充和完善。我们将本着实事求是的原则，严谨的科学态度作好审定工作，成熟一批公布一批，提供各界使用。我们特别希望得到科技界、教育界、经济界、文化界、新闻出版界等各方面同志的关心、支持和帮助，共同为早日实现我国科技名词术语的统一和规范化而努力。

全国自然科学名词审定委员会主任

钱　三　强

1990年2月

前　　言

化学工程是研究化学工业和其他过程工业生产中所进行的化学过程和物理过程共同规律的一门工程科学。化学工程从 19 世纪下半叶诞生，经过 100 多年的发展，已经成为一门有独特研究对象和完整科学体系的学科，并不断发展、孕育出一些重要的新兴分支学科。因此，做好化学工程名词的审定工作，对于科研、教学、生产以及学术交流和知识传播，促进科学技术和经济建设的发展，具有十分重要的意义。

我国化学工程名词的审定工作，历来受到化工界的高度重视。早在 30 年代，中国化学工程学会曾组织进行化学工程名词的审定，整理出《化学工程名词》于 1942 年由当时的教育部公布，为我国化学工程学科的建设和发展打下了良好的基础。新中国成立后，中央人民政府政务院文化教育委员会下设的学术名词统一工作委员会继续此项工作，于 1955 年公布了《化学化工术语》，为国内外学术交流和我国化工名词的统一起了积极的作用。

全国自然科学名词审定委员会（以下简称全国委员会）成立后，于 1990 年 12 月委托化学工业部、中国石化总公司和中国化工学会组建了化工名词审定委员会（以下简称分委员会），在全国委员会领导下开始进行化学工程名词的审定工作。分委员会下设化工热力学、传递过程与单元操作、化学反应工程、过程系统工程、生物化学工程等 5 个分支学科组，分头进行选词和订名。1991 年 5 月提出《化学工程名词》第一稿，6 月各学科组完成一审，9 月召开分委员会全体会议进行二审，提出《化学工程名词》（征求意见稿）并印发全国各地化工学会、化工和石化企业、化工院校和科研设计院所，以及有关专家，广泛征求意见。这一工作得到了大家的重视和支持，先后收到书面意见近 200 份。根据反馈的意见，于 1992 年 12 月召开三审会，经反复磋商，认真讨论，于 1993 年 10 月完成《化学工程名词》（送审稿），报送全国委员会审批。受全国委员会的委托，中科院院士时钧、陈家镛、余国琮三位先生对送审稿进行了认真细致的复审，提出了许多中肯的修改意见。1994 年 3 月，分委员会根据复审意见，召开了全体委员会议终审定稿。现经全国委员会批准，予以公布。

这次公布的化学工程名词基本词，共 2164 条。为避免不必要的重复，凡基础学科已收过的词一般不再收。为保持本学科的系统性和完整性，对于基础学科虽已收过，但又是本学科的基础理论和基本概念的，或直接构成本学科主体重要内容和研究对象的名词，则仍适当选收。正文中，汉文名词按学科分类和相关概念排列。类别的划分主要是为了便于从学科概念体系进行审定，并非严格的科学分类。同一名词若与多个专业概念有关，编排时只出现一次，不重复列出。

汉文名是本次审定公布的规范名词，在审定过程中力求从科学概念出发，体现订名的科学性、系统性、简明通俗性和约定俗成的原则。这次审定中，须要说明的有以下几点：

1. 订名力求反映其科学概念。例如“化工系统工程”一词，过去已广泛使用，“过程系统工程”一词反而使用较少。由于“化工”一词的含义比较模糊，易作狭义的理解，这一学科研究的对象并不限于化工系统，而是过程系统，涉及整个过程工业，故按其国际通行的英文原名“process system engineering”所反映的科学内涵，订名为“过程系统工程”。

2. 订名尽可能与基础学科或主学科取得一致。例如“维里方程”和“维里系数”，过去在化工界已广为流行，但“维里”(virial)未反映科学概念，却常被误认为人名。已公布的《物理学名词》按该词的概念内涵及发音结合将“维里”改为“位力”，较好地体现了名词的科学性。此次将原来的“维里方程”和“维里系数”分别改订名为“位力方程”和“位力系数”。

3. 根据约定俗成的原则，对于少数在化工中已广泛习用，并有本学科特色的重要名词，虽然基础学科或主学科另有订名，为避免引起新的混乱，仍保留化工习惯订名。例如，在《物理学名词》中与英文词“transfer”和“transport”相对应的概念已订名为“输运”，从科学性来说也许比“传递”更确切些。考虑到“传递”在化工中习用已久，并已形成一门分支学科，故仍维持“传递现象”(transport phenomenon)订名，但为与基础学科订名衔接，加注又称“输运现象”。对只在化工中出现的一些词，如“传热”(heat transfer)又称“热量传递”，“传质”(mass transfer)又称“质量传递”，则不再引入“热量输运”之类异名。

4. 订名力求做到一词一义。例如“物料平衡”与“物料衡算”是一对常见的异名。50年代以前多用“平衡”，后来较多书刊改用“衡算”。此次订名中，有的意见认为还是“平衡”较好，既指一种运算过程，又指一种状态。考虑到“物料平衡”中的“平衡”(意为“抵消”或“均等”，对应英文“balance”)，又易与“相平衡”、“化学平衡”中的“平衡”相混淆，为了尽可能做到一词一义，避免概念混淆，故决定订名为“物料衡算”，以及“能量衡算”和“热量衡算”。

5. 体现订名的简明通俗性，注意避免了使用怪僻字、异体字和多笔画字。例如“倾析”(decantation)，不用“滗析”；“夹点”(pinch point)一词，不但含意简明贴切，而且书写和读音也比以往的订名“狭点”、“挟点”、“窄点”简便。

6. 订名一般都是从现有名词中选取，但也有个别的另订新名。例如，流体流动时，当管路突然缩小，流体因收缩、膨胀的射流作用形成的最小截面。以往称为“缩脉”(vena contracta)，似未能表达原意，陈家镛先生建议改订“流颈”，比较形象和贴切，故予以采用。

在三年多的审定工作中，各省市地方学会、各专业委员会、全国化工界同仁，以及有关专家、学者，其中包括台湾化工界专家，都给予了热情的支持和帮助，谨此表示衷心的感谢。希望大家对化工名词审定工作继续给予关心和支持，在使用本《名词》过程中，对其中存在的问题，继续提出宝贵的意见，以便今后修订时参考，使之更加完善。

化工名词审定委员会

1994年5月

编 排 说 明

一、本书公布的是化学工程的基本词。

二、本书正文按通类、化工热力学、传递过程与单元操作、化学反应工程、过程系统工程、生物化学工程、数据处理等七个部分列出。

三、正文中汉文名词按学科的相关概念排列,附有与该词概念对应的英文名。

四、一个汉文名对应几个英文名时,一般取最常用的放在前面,并用“,”分开。

五、英文名的首字母大、小写均可时,一律小写。英文名除必须用复数者,一般用单数。

六、对某些新词、概念易混淆的、有争议的词,附有简单的注释。

七、汉文名的重要异名列在注释栏内,其中“又称”为不推荐用名;“曾用名”为不再使用的旧名。

八、名词中[ ]内的字使用时可省略。

九、书末所附的英汉索引,按英文名词字母顺序编排;汉英索引,按名词汉语拼音顺序编排。所示号码为该词在正文中的序号。索引中带“*”者为正文注释栏内的条目。

目 录

序 …… i
前言 …… iii
编排说明 …… v

正文

01. 通类 …… 1
02. 化工热力学 …… 3
02.1 基本概念 …… 3
02.2 过程热力学分析与热力学循环 …… 6
02.3 流体的 P－V－T 关系 …… 7
02.4 溶液热力学 …… 8
02.5 相平衡与化学平衡 …… 10
02.6 分子间力、溶液理论与统计热力学 …… 13
02.7 表面热力学 …… 14
03. 传递过程与单元操作 …… 15
03.1 基本概念 …… 15
03.2 流体动力过程 …… 16
03.2.1 流体流动 …… 16
03.2.2 搅拌与混合 …… 20
03.3 传热过程 …… 22
03.3.1 传热 …… 22
03.3.2 蒸发与结晶 …… 24
03.4 传质分离过程 …… 26
03.4.1 蒸馏 …… 26
03.4.2 吸收 …… 27
03.4.3 气液传质设备 …… 28
03.4.4 萃取与浸取 …… 30
03.4.5 干燥 …… 31
03.4.6 吸附与离子交换 …… 31
03.4.7 膜分离 …… 33
03.5 固体过程 …… 34
03.5.1 颗粒学与流态化 …… 34
03.5.2 气态非均一系分离 …… 35
03.5.3 固液分离 …… 36

03.5.4 粉碎、分级与团聚 …… 38
04. 化学反应工程 …… 40
04.1 一般术语 …… 40
04.2 反应动力学 …… 42
04.3 流动与混合 …… 44
04.4 热量与质量传递 …… 46
04.5 反应器 …… 46
05. 过程系统工程 …… 49
05.1 一般术语 …… 49
05.2 模拟 …… 50
05.3 综合 …… 52
05.4 优化 …… 53
05.5 控制 …… 55
05.6 操作 …… 56
05.7 评价 …… 56
06. 生物化学工程 …… 57
06.1 一般术语 …… 57
06.2 生化反应工程 …… 60
06.2.1 酶催化反应 …… 60
06.2.2 细胞生长与代谢 …… 61
06.2.3 生化反应器 …… 63
06.3 生化分离工程 …… 63
07. 数据处理 …… 66

附录

英汉索引 …… 68
汉英索引 …… 100

01. 通　　类

序　码	汉　文　名	英　文　名	注　　释
01.001	化学工程	chemical engineering	
01.002	化学工程学	chemical engineering science	
01.003	化工热力学	chemical engineering thermodynamics	
01.004	化学反应工程	chemical reaction engineering	
01.005	过程系统工程	process system engineering	又称“化工系统工程”。
01.006	生化工程	biochemical engineering	
01.007	单元操作	unit operation	
01.008	单元过程	unit process	
01.009	传递现象	transport phenomenon	又称“输运现象”。
01.010	物料衡算	material balance	又称“物料平衡”。
01.011	能量衡算	energy balance	又称“能量平衡”。
01.012	稳态	stable state	又称“稳定状态”。
01.013	非稳态	unstable state	
01.014	亚稳态	metastable state	又称“介稳态”。
01.015	暂态	transient state	又称“瞬态”，曾用名“过渡状态”。
01.016	定态	steady state	曾用名“稳态”，“定常态”。
01.017	非定态	unsteady state	曾用名“非稳态”。
01.018	定态近似	steady-state approximation	
01.019	[微]元	element	
01.020	过程	process	
01.021	连续过程	continuous process	
01.022	半连续过程	semi-continuous process	
01.023	间歇过程	batch process	又称“分批过程”。
01.024	流程图	flow sheet, flow diagram	
01.025	物流	stream	
01.026	循环	recycle	
01.027	途径	path	又称“路径”。
01.028	原料	feedstock, raw material	
01.029	进料	feed	

序 码	汉 文 名	英 文 名	注 释
01.030	关键组分	key component	
01.031	副产物	by-product	
01.032	中间产物	intermediate product	
01.033	介质	medium	
01.034	梯度	gradient	
01.035	推动力	driving force	又称"驱动力"。
01.036	安全系数	safety factor	
01.037	模型	model	
01.038	理论模型	theoretical model	
01.039	经验模型	empirical model	
01.040	半经验模型	semi-empirical model	
01.041	统计模型	statistical model	
01.042	建模	modeling	全称"建立模型"。
01.043	模型辨识	model identification	
01.044	分叉	bifurcation	又称"分支"。
01.045	阈[值]	threshold	
01.046	模拟	simulation	又称"仿真"。
01.047	放大	scale up	
01.048	判据	criterion	
01.049	相似理论	theory of similarity	
01.050	经验法则	empirical rule	
01.051	冷模试验	cold-flow model experiment, mockup experiment	用空气、水、砂等模拟真实物料所进行的试验。
01.052	台架试验	bench scale test	又称"模型试验"。
01.053	中间试验装置	pilot plant	简称"中试装置"。
01.054	原型试验	prototype experiment	
01.055	示范装置	demonstration unit	
01.056	通量	flux	
01.057	普适化	generalization	又称"普遍化"。
01.058	普适方程	generalized equation	
01.059	不良分布	maldistribution	
01.060	化学计量比	stoichiometric ratio	
01.061	研究与开发	research and development, R&D	
01.062	过程开发	process development	
01.063	评估	evaluation, assessment	
01.064	量纲分析	dimensional analysis	又称"因次分析"。

序　码	汉 文 名	英 文 名	注　　释
01.065	无量纲数群	dimensionless group	
01.066	毕奥数	Biot number	
01.067	博登施泰数	Bodenstein number	
01.068	达姆科勒数	Damköhler number	
01.069	欧拉数	Euler number	
01.070	傅里叶数	Fourier number	
01.071	弗劳德数	Froude number	
01.072	格雷茨数	Graetz number	
01.073	格拉斯霍夫数	Grashof number	
01.074	八田数	Hatta number	
01.075	克努森数	Knudsen number	
01.076	马赫数	Mach number	
01.077	努塞特数	Nusselt number	
01.078	佩克莱数	Peclet number	
01.079	普朗特数	Prandtl number	
01.080	瑞利数	Rayleigh number	
01.081	雷诺数	Reynolds number	
01.082	施密特数	Schmidt number	
01.083	舍伍德数	Sherwood number	
01.084	斯坦顿数	Stanton number	
01.085	韦伯数	Weber number	
01.086	中国化工学会	Chemical Industry and Engineering Society of China, CIESC	

02.　化工热力学

序　码	汉 文 名	英 文 名	注　　释

02.1　基本概念

序　码	汉 文 名	英 文 名	注　　释
02.001	系统	system	又称“体系”。
02.002	隔离系统	isolated system	又称“孤立系统”。
02.003	敞开系统	open system	
02.004	封闭系统	closed system	
02.005	广度性质	extensive property	又称“容量性质”。
02.006	强度性质	intensive property	又称“内含性质”。
02.007	内能	internal energy	

序　码	汉　文　名	英　文　名	注　　释
02.008	[热力学]环境	surroundings	
02.009	生化热力学	biochemical thermodynamics	
02.010	非平衡热力学	non-equilibrium thermodynamics	又称"不可逆过程热力学"。
02.011	连续热力学	continuous thermodynamics	
02.012	热力学第一定律	first law of thermodynamics	
02.013	热力学第二定律	second law of thermodynamics	
02.014	热力学第三定律	third law of thermodynamics	
02.015	能量守恒定律	law of conservation of energy	
02.016	热力学函数	thermodynamic function	
02.017	热力学平衡	thermodynamic equilibrium	
02.018	热力学温度	thermodynamic temperature	
02.019	热力学性质	thermodynamic property	
02.020	可逆过程	reversible process	
02.021	不可逆过程	irreversible process	
02.022	循环过程	cyclic process	
02.023	自发过程	spontaneous process	
02.024	多变过程	polytropic process	又称"多方过程"。
02.025	准静态过程	quasi-static process	
02.026	可逆功	reversible work	
02.027	体积功	volume work	
02.028	绝热过程	adiabatic process	
02.029	流动法	flow method	
02.030	静态法	static method	
02.031	稳定条件	condition for stability	
02.032	等温过程	isothermal process	
02.033	等压过程	isobaric process, isopiestic process	
02.034	等容过程	isochoric process, isometric process	
02.035	等焓过程	isenthalpic process	
02.036	等熵过程	isentropic process	
02.037	等压热容	heat capacity at constant pressure	
02.038	等容热容	heat capacity at constant volume	
02.039	控制表面	control surface	
02.040	控制体积	control volume	
02.041	轴功	shaft work	
02.042	流动功	flow work	

序码	汉文名	英文名	注释
02.043	节流过程	throttling process	
02.044	膨胀功	expansion work	
02.045	压缩功	compression work	
02.046	焓	enthalpy	
02.047	熵	entropy	
02.048	赫斯定律	Hess's law	曾用名“盖斯定律”。
02.049	焓熵图	enthalpy-entropy diagram	
02.050	莫利尔图	Mollier diagram	
02.051	焓浓图	enthalpy-concentration diagram	又称“P－S图(Ponchon-Savarit diagram)”。
02.052	压容图	pressure-volume diagram	
02.053	压焓图	pressure-enthalpy diagram	
02.054	循环法	circulation method	
02.055	热效应	heat effect	
02.056	潜热	latent heat	
02.057	汽化热	heat of vaporization	
02.058	蒸发热	heat of evaporation	
02.059	液化热	heat of liquefaction	
02.060	冷凝热	heat of condensation	
02.061	熔化热	heat of fusion	
02.062	混合热	heat of mixing	
02.063	吸收热	heat of absorption	
02.064	克拉珀龙－克劳修斯方程	Clapeyron-Clausius equation	曾用名“克－克方程”。
02.065	克劳修斯不等式	Clausius inequality	
02.066	生成热	heat of formation	
02.067	标准生成热	standard heat of formation	
02.068	标准燃烧热	standard heat of combustion	
02.069	麦克斯韦关系	Maxwell relation	
02.070	亥姆霍兹自由能	Helmholtz free energy	又称“自由能”。
02.071	吉布斯自由能	Gibbs free energy	又称“自由焓”。
02.072	标准态	standard state	
02.073	参比态	reference state	又称“参考态”。
02.074	死态	dead state	
02.075	环境态	environmental state	

序　码	汉 文 名	英 文 名	注　　释
02.076	标准吉布斯自由能变化	standard Gibbs free energy change	
02.077	标准生成吉布斯自由能	standard Gibbs free energy of formation	

02.2 过程热力学分析与热力学循环

序　码	汉 文 名	英 文 名	注　　释
02.078	理想功	ideal work	
02.079	损失功	lost work	
02.080	总能	total energy	
02.081	热效率	thermal efficiency	
02.082	热力学效率	thermodynamic efficiency	
02.083	㶲	exergy, availability	又称“有效能”，曾用名“可用能”。
02.084	炁	anergy	又称“无效能”。
02.085	热机	heat engine	
02.086	热泵	heat pump	
02.087	熵增原理	principle of entropy increase	
02.088	熵流	entropy flow	
02.089	㶲损失	exergy loss	
02.090	熵衡算	entropy balance	
02.091	熵产生	entropy generation, entropy production	
02.092	古伊－斯托多拉定理	Gouy-Stodola theorem	
02.093	物理㶲	physical exergy	
02.094	化学㶲	chemical exergy	
02.095	㶲衡算	exergy balance	又称“有效能衡算”。
02.096	㶲分析	exergy analysis, availability analysis	又称“有效能分析”。
02.097	热经济学	thermo-economics	
02.098	卡诺循环	Carnot cycle	
02.099	兰金循环	Rankine cycle	
02.100	压缩制冷	compression refrigeration	
02.101	等熵效率	isentropic efficiency	
02.102	性能系数	coefficient of performance, COP	指热冷系统焓/功比值。
02.103	级联循环	cascade cycle	又称“串级循环”。

序码	汉文名	英文名	注释
02.104	制冷循环	refrigeration cycle	
02.105	吸收制冷	absorption refrigeration	
02.106	焦耳-汤姆孙效应	Joule-Thomson effect	
02.107	焦耳-汤姆孙系数	Joule-Thomson coefficient	
02.108	林德循环	Linde cycle	
02.109	过程热力学分析	thermodynamic analysis of process	
02.110	非平衡系统	non-equilibrium system	
02.111	局部平衡	local equilibrium	
02.112	不可逆性	irreversibility	
02.113	[热力学]通量	[thermodynamic] flux	
02.114	[热力学]力	[thermodynamic] force	
02.115	昂萨格倒易关系	Onsager reciprocal relation	
02.116	唯象系数	phenomenological coefficient	
02.117	通量密度矢量	flux density vector	

02.3 流体的 P-V-T 关系

序码	汉文名	英文名	注释
02.118	阿马加定律	Amagat law	
02.119	状态方程	equation of state, EOS	
02.120	压缩因子	compressibility factor	
02.121	立方型[状态]方程	cubic equation of state	
02.122	三相点	triple point	
02.123	交互作用系数	interaction coefficient	又称"交叉系数(cross coefficient)"。
02.124	[低]共熔点	eutectic point	
02.125	[低]共熔物	eutectic mixture	
02.126	真实气体	real gas	
02.127	安托万方程	Antoine equation	曾用名"安托因方程"。
02.128	临界常数	critical constant	
02.129	临界点	critical point	
02.130	临界温度	critical temperature	
02.131	临界压力	critical pressure	
02.132	临界体积	critical volume	

序码	汉文名	英文名	注释
02.133	临界共溶温度	critical solution temperature, consolute temperature	
02.134	范德瓦耳斯方程	van der Waals equation, vdW equation	
02.135	RK 方程	Redlich-Kwong equation, RK equation	
02.136	SRK 方程	Soave RK equation, SRK equation	
02.137	PR 方程	Peng-Robinson equation, PR equation	
02.138	BWR 方程	Benedict-Webb-Rubin equation, BWR equation	
02.139	LK 方程	Lee-Kesler equation, LK equation	
02.140	立方转子链方程	cubic chain of rotator equation, CCOR equation	
02.141	位力方程	virial equation	又称“维里方程”。
02.142	马丁-侯[虞钧]方程	Martin-Hou equation[of state]	
02.143	赵[广绪]-西得方法	Chao-Seader's method	
02.144	逆反冷凝	retrograde condensation	曾用名“逆反凝缩”。
02.145	偏离函数	departure function	

02.4 溶液热力学

序码	汉文名	英文名	注释
02.146	理想溶液	ideal solution	
02.147	理想气体	ideal gas	
02.148	半理想溶液	semi-ideal solution	
02.149	逸度	fugacity	
02.150	逸度系数	fugacity coefficient	
02.151	无热溶液	athermal solution	
02.152	一级相变	first-order phase transition	
02.153	二级相变	second-order phase transition	
02.154	拉乌尔定律	Raoult's law	
02.155	亨利定律	Henry's law	
02.156	两流体理论	two-fluid theory	又称“两液体理论(two-liquid theory)”。
02.157	多流体理论	poly-fluid theory	
02.158	化学势	chemical potential	又称“化学位”。

序　码	汉　文　名	英　文　名	注　　释
02.159	正规溶液	regular solution	
02.160	对比压力	reduced pressure	
02.161	对比温度	reduced temperature	
02.162	对应态原理	principle of corresponding state	又称“对比态原理”。
02.163	对比饱和蒸汽压	reduced saturated vapor pressure	
02.164	渗透[作用]	osmosis	
02.165	渗透压	osmotic pressure	
02.166	渗透系数	osmotic coefficient	
02.167	超额性质	excess property	又称“过量性质”。
02.168	超额函数	excess function	又称“过量函数”。
02.169	超额吉布斯自由能	excess Gibbs free energy	又称“过量吉布斯自由能”。
02.170	超额体积	excess volume	又称“过量体积”。
02.171	超额焓	excess enthalpy	又称“过量焓”。
02.172	超额熵	excess entropy	又称“过量熵”。
02.173	超额化学势	excess chemical potential	又称“过量化学势”。
02.174	单组分系统	one-component system	
02.175	吉布斯-杜安方程	Gibbs-Duhem equation	
02.176	杜安-马居尔方程	Duhem-Margules equation	
02.177	共存方程	coexistence equation	
02.178	非自发过程	non-spontaneous process	
02.179	准化学溶液模型	quasi-chemical solution model	又称“类化学溶液模型”。
02.180	准化学近似	quasi-chemical approximation	又称“类化学近似”。
02.181	溶解热	heat of solution	
02.182	积分溶解热	integral heat of solution	
02.183	微分溶解热	differential heat of solution	
02.184	稀释热	heat of dilution	
02.185	水合热	heat of hydration	
02.186	偏摩尔量	partial molar quantity	
02.187	偏摩尔焓	partial molar enthalpy	
02.188	偏摩尔吉布斯自由能	partial molar Gibbs free energy	
02.189	偏摩尔体积	partial molar volume	
02.190	晶格理论	lattice theory	又称“格子理论”。

序 码	汉 文 名	英 文 名	注 释
02.191	ASOG 法	analytical solution of group contribution method	
02.192	UNIFAC 法	universal quasi-chemical functional group activity coefficient method	
02.193	UNIQUAC 法	universal quasi-chemical correlation activity coefficient method	
02.194	缔合溶液模型	associated solution model	
02.195	弗洛里-哈金斯理论	Flory-Huggins theory	
02.196	马居尔方程	Margules equation	
02.197	范拉尔方程	van Laar equation	
02.198	威尔逊方程	Wilson equation	
02.199	NRTL 方程	non-random two-liquid equation, NRTL equation	又称"非随机两液体方程"。
02.200	路易斯-兰德尔规则	Lewis-Randall rule	
02.201	局部组成	local composition	
02.202	沃尔展开式	Wohl expansion	

02.5 相平衡与化学平衡

序 码	汉 文 名	英 文 名	注 释
02.203	平衡判据	criterion of equilibrium	
02.204	化学平衡	chemical equilibrium	
02.205	平衡常数	equilibrium constant	
02.206	标准平衡常数	standard equilibrium constant	
02.207	平衡转化[率]	equilibrium conversion	
02.208	平衡组成	equilibrium composition	
02.209	共沸物	azeotrope	又称"恒沸物"。
02.210	鞍点共沸物	saddle-point azeotropic mixture	
02.211	凝聚系统	condensed system	
02.212	相	phase	
02.213	分散相	dispersed phase	
02.214	连续相	continuous phase	
02.215	相平衡	phase equilibrium	
02.216	相律	phase rule	
02.217	相变	phase change	
02.218	自由度	degree of freedom	

序　码	汉　文　名	英　文　名	注　　释
02.219	相图	phase diagram	
02.220	相转移	phase transfer	
02.221	活度	activity	
02.222	活度系数	activity coefficient	
02.223	亲和势	affinity	
02.224	范托夫定律	van't Hoff's law	
02.225	沸点升高	boiling point elevation, boiling point rise	
02.226	玻色－爱因斯坦分布	Bose-Einstein distribution	
02.227	残余性质	residual property	又称“剩余性质”。
02.228	残余焓	residual enthalpy	又称“剩余焓”。
02.229	残余体积	residual volume	又称“剩余体积”。
02.230	残余熵	residual entropy	又称“剩余熵”。
02.231	费米－狄拉克分布	Fermi-Dirac distribution	
02.232	总压法	total pressure method	
02.233	残余项	residual term	又称“剩余项”。
02.234	残余贡献	residual contribution	又称“剩余贡献”。
02.235	盐效应	salt effect	
02.236	真实组成	real composition	
02.237	表观组成	apparent composition	
02.238	混合规则	mixing rule	
02.239	组合规则	combining rule	
02.240	基尔霍夫定律	Kirchhoff's law	
02.241	偶极	dipole	
02.242	偶极矩	dipole moment	
02.243	诱导偶极	induced dipole	
02.244	虚拟参数	pseudo-parameter	
02.245	第二位力系数	second virial coefficient	又称“第二维里系数”。
02.246	第三位力系数	third virial coefficient	又称“第三维里系数”。
02.247	溶液中基团分率	group fraction in solution	
02.248	部分互溶	partial miscibility	
02.249	基团活度系数	group activity coefficient	
02.250	偏心因子	acentric factor	

序码	汉文名	英文名	注释
02.251	热力学一致性检验	thermodynamic consistency test	
02.252	积分检验[法]	integral test	
02.253	微分检验[法]	differential test	
02.254	组合项	combinatorial term	
02.255	表面积分率	surface area fraction	
02.256	对称归一[化]	symmetric convention normalization	
02.257	非对称归一[化]	unsymmetric convention normalization	
02.258	多元系[统]	multicomponent system	又称“多组分系统”。
02.259	共轭溶液	conjugate solution	
02.260	结线	tie line	又称“系线”。
02.261	共轭相	conjugate phase	
02.262	二元系[统]	binary system	又称“二组分系统”。
02.263	三元系[统]	ternary system	又称“三组分系统”。
02.264	分配系数	distribution coefficient	
02.265	分配定律	distribution law	
02.266	无限稀释	infinite dilution	
02.267	反应热	heat of reaction	
02.268	平衡分离过程	equilibrium separation process	
02.269	平衡系统	equilibrium system	
02.270	平衡釜	equilibrium still	
02.271	气液平衡	gas-liquid equilibrium, GLE	
02.272	液液平衡	liquid-liquid equilibrium, LLE	
02.273	固液平衡	solid-liquid equilibrium, SLE	
02.274	汽液平衡	vapor-liquid equilibrium, VLE	
02.275	汽液平衡比	vapor-liquid equilibrium ratio	
02.276	汽相缔合	vapor phase association	
02.277	极化因子	polarization factor	
02.278	极化	polarization	
02.279	极化率	polarizability	
02.280	均相系统	homogeneous system	
02.281	非均相系统	heterogeneous system	
02.282	溶液的依数性	colligative property of solution	
02.283	溶度积	solubility product	
02.284	双结点溶度曲线	binodal solubility curve	

序　码	汉 文 名	英 文 名	注　　释
02.285	溶[解]度参数	solubility parameter	

02.6 分子间力、溶液理论与统计热力学

序　码	汉 文 名	英 文 名	注　　释
02.286	位形性质	configurational property	又称“构型性质”。
02.287	定标粒子理论	scaled particle theory	
02.288	分子间力	intermolecular force	
02.289	标度因子	scale factor	
02.290	色散力	dispersion force	
02.291	临界指数	critical exponent	
02.292	溶剂化	solvation	
02.293	坡印亭校正	Poynting correction	又称“坡印亭因子(Poynting factor)”。
02.294	微扰硬链理论	perturbed hard chain theory, PHC theory	
02.295	胞腔模型	cell model	
02.296	伦纳德－琼斯势	Lennard-Jones potential	
02.297	分子动态法	molecular dynamic method, MD method	
02.298	分子模拟	molecular simulation	
02.299	方阱势	square-well potential	
02.300	萨瑟兰势	Sutherland potential	
02.301	斯托克迈尔势	Stockmeyer potential	
02.302	玻耳兹曼分布	Boltzmann distribution	
02.303	径向分布函数	radial distribution function	
02.304	位形配分函数	configurational partition function	又称“构型配分函数”。
02.305	定域粒子系集	assembly of localized particles	
02.306	交换能	exchange energy	
02.307	电子配分函数	electronic partition function	
02.308	独立粒子系集	assembly of independent particles	
02.309	非独立粒子系集	assembly of interacting particles	
02.310	非定域粒子系集	assembly of non-localized particles	
02.311	统计热力学	statistical thermodynamics	
02.312	分子热力学	molecular thermodynamics	
02.313	分子参数	molecular parameter	
02.314	分子配分函数	molecular partition function	
02.315	热力学概率	thermodynamic probability	

序　码	汉　文　名	英　文　名	注　　释
02.316	内聚能密度	cohesive density	
02.317	正则系综	canonical ensemble	
02.318	正则配分函数	canonical partition function	
02.319	巨正则系综	grand-canonical ensemble	
02.320	巨正则配分函数	grand -canonical partition function	
02.321	微正则系综	microcanonical ensemble	
02.322	微正则配分函数	microcanonical partition function	
02.323	平动配分函数	translational partition function	
02.324	转动配分函数	rotational partition function	
02.325	振动配分函数	vibration partition function	
02.326	统计权重	statistical weight	
02.327	统计熵	statistical entropy	
02.328	绝对熵	absolute entropy	
02.329	热力学特性函数	thermodynamic characteristic function	
02.330	量子效应	quantum effect	
02.331	硬球	hard sphere	
02.332	链节	segment	又称“线段”。
02.333	微扰理论	perturbation theory	又称“摄动理论”。

02.7　表面热力学

序　码	汉　文　名	英　文　名	注　　释
02.334	表面张力	surface tension	
02.335	界面张力	interfacial tension	
02.336	本体相	bulk phase	
02.337	分界表面	dividing surface	又称“界面相”。
02.338	表面浓度	surface concentration	
02.339	表面能	surface energy	
02.340	弯曲表面	curved surface	
02.341	吸附热	heat of adsorption	
02.342	粘附功	adhesion work	
02.343	内聚功	cohesion work	
02.344	表面功	surface work	

03. 传递过程与单元操作

序码	汉文名	英文名	注释

03.1 基本概念

序码	汉文名	英文名	注释
03.001	传递	transfer	
03.002	动量传递	momentum transfer	
03.003	传热	heat transfer	又称"热量传递"。
03.004	传质	mass transfer	又称"质量传递"。
03.005	传质速率	mass transfer rate	
03.006	传质系数	mass transfer coefficient	
03.007	扩散	diffusion	
03.008	扩散系数	diffusivity, diffusion coefficient	
03.009	分子扩散	molecular diffusion	
03.010	分子扩散系数	molecular diffusivity	
03.011	涡流扩散	eddy diffusion	
03.012	涡流扩散系数	eddy diffusivity	
03.013	混合长	mixing length	
03.014	菲克定律	Fick's law	
03.015	等摩尔逆向扩散	equimolar counter diffusion	
03.016	有效扩散系数	effective diffusivity	
03.017	膜理论	film theory	
03.018	双膜理论	two-film theory	
03.019	穿透理论	penetration theory	曾用名"渗透理论"。
03.020	表面更新理论	surface renewal theory	
03.021	类比	analogy	
03.022	j 因子	j-factor	
03.023	j_H 因子	j_H-factor	又称"传热 j 因子"。
03.024	j_D 因子	j_D-factor	又称"传质 j 因子"。
03.025	热扩散系数	thermal diffusivity	又称"导温系数"。
03.026	传质单元数	number of [mass] transfer units, NTU	
03.027	传热单元数	number of [heat] transfer units, NTU	
03.028	传质单元高度	height of a [mass] transfer unit, HTU	

序 码	汉 文 名	英 文 名	注 释
03.029	传热单元高度	height of a [heat] transfer unit, HTU	
03.030	气相控制	gas phase control	又称“气膜控制(gas film control)”。
03.031	液相控制	liquid phase control	又称“液膜控制(liquid film control)”。
03.032	气相传质系数	gas phase mass transfer coefficient	
03.033	液相传质系数	liquid phase mass transfer coefficient	
03.034	总传质系数	overall mass transfer coefficient	
03.035	总传质单元数	number of overall transfer units	
03.036	总传质单元高度	height of overall transfer unit	
03.037	增湿	humidification	
03.038	减湿	dehumidification	
03.039	相对湿度	relative humidity	
03.040	露点	dew point	
03.041	泡点	bubble point	
03.042	湿球温度	wet bulb temperature	
03.043	绝热饱和温度	adiabatic saturation temperature	
03.044	湿度图	psychrometric chart	
03.045	温湿图	temperature-humidity chart	又称“T-H 图”。
03.046	焓湿图	enthalpy-humidity chart	又称“H-i 图”。

03.2 流体动力过程

03.2.1 流 体 流 动

03.047	流体动力学	fluid dynamics	
03.048	流体	fluid	
03.049	流[动]	flow	
03.050	质量流	mass flow	
03.051	连续介质	continuum	
03.052	可压缩流体	compressible fluid	
03.053	不可压缩流体	incompressible fluid	
03.054	牛顿流体	Newtonian fluid	
03.055	非牛顿流体	non-Newtonian fluid	
03.056	幂律流体	power-law fluid	

序　码	汉　文　名	英　文　名	注　　释
03.057	塑性流体	plastic fluid	又称“宾厄姆流体(Bingham fluid)”。
03.058	粘塑性流体	viscoplastic fluid	
03.059	假塑性流体	pseudo-plastic fluid	
03.060	胀塑性流体	dilatant fluid	
03.061	粘弹性流体	viscoelastic fluid	
03.062	粘性力	viscous force	
03.063	惯性力	inertia force	
03.064	曳力	drag force	
03.065	曳力系数	drag coefficient	
03.066	剪应力	shear stress	
03.067	摩擦力	friction force	
03.068	粘度	viscosity	
03.069	表观粘度	apparent viscosity	
03.070	动力粘度	dynamic viscosity	
03.071	运动粘度	kinematic viscosity	
03.072	流变性质	rheological property	
03.073	触变性	thixotropy	
03.074	震凝性	rheopexy	
03.075	胀塑性	dilatancy	
03.076	假塑性	pseudo-plasticity	
03.077	流变破坏	rheodestruction	
03.078	伯努利方程	Bernoulli equation	
03.079	连续性	continuity	
03.080	流型	flow pattern	全称“流动型态”。
03.081	流线	streamline	
03.082	层流	laminar flow，streamline flow	又称“滞流”。
03.083	湍流	turbulent flow	又称“紊流”。
03.084	涡旋	vortex	
03.085	边界层	boundary layer	
03.086	层流底层	laminar sub-layer	
03.087	充分发展流	fully developed flow	
03.088	粗糙度	roughness	
03.089	摩擦因子	friction factor	
03.090	摩擦损失	friction loss	
03.091	压降	pressure drop	
03.092	动压头	kinetic head	

序　码	汉　文　名	英　文　名	注　　释
03.093	静压头	static head	
03.094	速度分布	velocity distribution	
03.095	速度[分布]剖面[图]	velocity profile	
03.096	体积流率	volumetric flow rate	又称“体积流量”，“体积流速”。
03.097	质量流率	mass flow rate	又称“质量流量”。
03.098	质量流速	mass velocity	
03.099	质量通量	mass flux	
03.100	当量直径	equivalent diameter	
03.101	当量长度	equivalent length	
03.102	水力平均直径	hydraulic mean diameter	
03.103	水力半径	hydraulic radius	
03.104	润湿周边	wetted perimeter	
03.105	骤扩	sudden enlargement	又称“突然扩大”。
03.106	骤缩	sudden contraction	又称“突然缩小”。
03.107	流颈	vena contracta	又称“缩脉”。
03.108	水跃	hydraulic jump	
03.109	水锤	water hammer	
03.110	单相流	single-phase flow	
03.111	两相流	two-phase flow	
03.112	多相流	multiphase flow	
03.113	气泡流	bubble flow	
03.114	分层流	stratified flow	
03.115	波状流	wavy flow	
03.116	节涌流	slug flow	又称“弹状流”，“团状流”。
03.117	环状流	annular flow	
03.118	雾状流	spray flow	
03.119	分散流	dispersed flow	又称“弥散流”。
03.120	管件	pipe fitting	
03.121	弯头	elbow	
03.122	三通	T-piece, tee	
03.123	联管节	coupling	
03.124	活[管]接头	union	
03.125	截止阀	globe valve	又称“球心阀”。
03.126	闸阀	gate valve	

序　码	汉　文　名	英　文　名	注　　释
03.127	止逆阀	check valve	又称"单向阀"。
03.128	文丘里管	Venturi tube	
03.129	拉瓦尔喷嘴	Laval nozzle	又称"缩扩喷嘴(converging-diverging nozzle)"。
03.130	皮托管	Pitot tube	
03.131	液柱压力计	manometer	
03.132	弹簧管压力计	Bourdon gauge	
03.133	文丘里流量计	Venturi meter	
03.134	孔板流量计	orifice meter	
03.135	转子流量计	rotameter	
03.136	流量系数	discharge coefficient	又称"孔流系数"。
03.137	切口堰	notched weir	
03.138	风速计	anemometer	
03.139	[累计]总量表	quantity meter	
03.140	容积式泵	positive displacement pump	又称"排代泵"。
03.141	离心泵	centrifugal pump	
03.142	活塞泵	piston pump	
03.143	往复泵	reciprocating pump	
03.144	轴流泵	axial flow pump	
03.145	混流泵	mixed flow pump	
03.146	涡轮泵	turbine pump	
03.147	屏蔽泵	canned-motor pump	
03.148	齿轮泵	gear pump	
03.149	回转泵	rotary pump	
03.150	隔膜泵	diaphragm pump	
03.151	计量泵	metering pump	
03.152	叶轮	impeller	
03.153	蜗壳	volute	
03.154	特性曲线	characteristic curve	
03.155	比转速	specific speed	
03.156	扬程	height, head, lift	
03.157	扬量	capacity	
03.158	汽蚀	cavitation	
03.159	汽蚀余量	net positive suction head, NPSH	又称"净正吸压头"。
03.160	气升	air-lift	
03.161	排风机	fan	

序码	汉文名	英文名	注释
03.162	鼓风机	blower	
03.163	罗茨鼓风机	Roots blower	
03.164	回转鼓风机	rotary blower	
03.165	涡轮鼓风机	turboblower	
03.166	叶片式鼓风机	vane type blower	
03.167	液环泵	liquid-ring pump	
03.168	纳氏泵	Nash pump	
03.169	压缩机	compressor	
03.170	螺杆泵	screw pump	
03.171	往复式活塞压缩机	reciprocating piston compressor	
03.172	回转压缩机	rotary compressor	
03.173	离心压缩机	centrifugal compressor	
03.174	涡轮压缩机	turbocompressor	
03.175	多级压缩机	multistage compressor	
03.176	缓冲罐	surge tank, buffer tank	
03.177	喘振	surge	
03.178	真空泵	vacuum pump	
03.179	蒸汽喷射泵	steam jet ejector	
03.180	扩散泵	diffusion pump	

03.2.2 搅拌与混合

序码	汉文名	英文名	注释
03.181	混合	mixing	
03.182	混合器	mixer	
03.183	搅拌	agitation, stirring	
03.184	搅拌器	agitator, stirrer	
03.185	匀化	homogenization	
03.186	匀化器	homogenizer	
03.187	混合时间	mixing time	
03.188	混合速率	mixing rate	
03.189	混合指数	mixing index	
03.190	混合程度	degree of mixing	
03.191	圆周速度	peripheral speed	
03.192	搅拌槽	agitated vessel	
03.193	[搅拌]流量数	flow number	
03.194	功率数	power number	
03.195	螺旋桨式搅拌器	propeller agitator	

序码	汉文名	英文名	注释
03.196	桨式搅拌器	paddle agitator	
03.197	涡轮搅拌器	turbine agitator	
03.198	叶轮搅拌器	impeller agitator	
03.199	错臂搅拌器	cross-beam agitator	
03.200	框式搅拌器	grid agitator	
03.201	板片搅拌器	blade agitator	
03.202	锚式搅拌器	anchor agitator	
03.203	螺带搅拌器	helical ribbon agitator	
03.204	自吸搅拌器	hollow agitator	又称“空心叶轮搅拌器”。
03.205	导流筒	draft tube	
03.206	静态混合器	static mixer	
03.207	管路混合器	line mixer, in-line mixer	
03.208	悬浮液	suspension	
03.209	悬浮	suspension	
03.210	分散	dispersion	
03.211	乳液	emulsion	又称“乳浊液”。
03.212	表面曝气器	surface aerator	
03.213	整体通气器	bulk aerator	
03.214	捏合	kneading	
03.215	搅浆机	change-can mixer	
03.216	双螺带混合机	double helical ribbon mixer	
03.217	捏合机	kneader	
03.218	双臂捏合机	double arm kneading mixer	
03.219	密炼机	Banbury mixer	
03.220	辊式捏合机	roll mill	又称“开炼机”,“辊磨”。前者用于橡胶,后者用于涂料。
03.221	螺杆捏合机	screw mixer	
03.222	单螺杆挤出机	single screw extruder	
03.223	双螺杆挤出机	twin screw extruder	
03.224	混合度	mixedness	
03.225	离析	segregation	
03.226	转鼓混合机	tumbler mixer	
03.227	螺带混合机	ribbon mixer	

序码	汉文名	英文名	注释
03.228	螺旋锥形混合机	cone and screw mixer	又称“H－N 混合器 (Hosokawa-Nauta mixer)”。

03.3 传热过程

03.3.1 传热

03.229	传导	conduction	
03.230	对流	convection	
03.231	自然对流	natural convection	
03.232	强制对流	forced convection	
03.233	辐射	radiation	
03.234	传热速率	heat transfer rate	
03.235	热流[量]	heat flow	
03.236	热通量	heat flux	
03.237	总传热系数	overall heat transfer coefficient	
03.238	传热膜系数	film heat transfer coefficient	
03.239	温差	temperature difference	
03.240	对数平均温差	logarithmic mean temperature difference	
03.241	算术平均温差	arithmetic mean temperature difference	
03.242	并流	co-current flow	又称“同向流”。
03.243	逆流	countercurrent flow	
03.244	错流	cross flow	
03.245	温度梯度	temperature gradient	
03.246	热阻	thermal resistance	
03.247	污垢	scale, fouling	又称“结垢”。
03.248	导热系数	thermal conductivity	又称“导热率”。
03.249	非定态传热	unsteady state heat transfer	
03.250	温度分布	temperature distribution	
03.251	温度[分布]剖面[图]	temperature profile	
03.252	吸收率	absorptivity	
03.253	透射率	transmissivity	
03.254	反射率	reflectivity	
03.255	发射率	emissivity	

序码	汉文名	英文名	注释
03.256	发射能力	emissive power	
03.257	黑体	black body	
03.258	灰体	gray body	
03.259	斯特藩-玻耳兹曼定律	Stefan-Boltzmann law	
03.260	辐射强度	radiation intensity	
03.261	角系数	angle factor	
03.262	冷凝	condensation	
03.263	滴状冷凝	dropwise condensation	
03.264	膜状冷凝	filmwise condensation	
03.265	泡核沸腾	nucleate boiling	
03.266	膜状沸腾	film boiling	
03.267	池沸腾	pool boiling	
03.268	换热	heat exchange	
03.269	换热器	heat exchanger	又称"热交换器"。
03.270	管壳换热器	shell-and-tube heat exchanger	又称"列管换热器"。
03.271	套管换热器	double-pipe heat exchanger	
03.272	板式换热器	plate [type] heat exchanger	
03.273	螺旋板换热器	spiral plate heat exchanger	
03.274	板翅换热器	plate-fin heat exchanger	
03.275	固定管板换热器	fixed tube-sheet heat exchanger	
03.276	浮头换热器	floating head heat exchanger	
03.277	U形管换热器	U-tube heat exchanger, hairpin tube heat exchanger	
03.278	管束	tube bundle	
03.279	管板	tube sheet	
03.280	挡板	baffle	又称"折流板"。
03.281	翅片管	finned tube	
03.282	直列管排	in-line tube arrangement	
03.283	错列管排	staggered tube arrangement	
03.284	紧凑型换热器	compact heat exchanger	
03.285	管程	tube [side] pass	
03.286	壳程	shell [side] pass	
03.287	夹套	jacket	
03.288	盘管	coil	又称"蛇管"。
03.289	蓄热器	recuperator, heat accumulator	
03.290	冷却器	cooler, chiller	

序码	汉文名	英文名	注释
03.291	冷凝器	condenser	
03.292	废热锅炉	waste heat boiler	
03.293	明火加热炉	fired heater	
03.294	空气冷却器	air-cooled heat exchanger, air cooler	简称"空冷器"。
03.295	预热器	preheater	
03.296	汽化器	vaporizer	
03.297	热管	heat-pipe	
03.298	热管换热器	heat-pipe exchanger	
03.299	载热体	heating medium, heat transfer medium, heat carrier	
03.300	隔热	thermal insulation	又称"保温"。
03.301	隔热层	lagging	

03.3.2 蒸发与结晶

序码	汉文名	英文名	注释
03.302	蒸发	evaporation	
03.303	液柱静压头	hydrostatic head	
03.304	直接加热型蒸发器	evaporator with direct heating	
03.305	浸没燃烧蒸发器	evaporator with submerged combustion	
03.306	自然循环蒸发器	natural circulation evaporator	
03.307	水平列管蒸发器	evaporator with horizontal tubes	
03.308	中央循环管蒸发器	calandria type evaporator	又称"排管蒸发器"。
03.309	浓缩	concentration	
03.310	排管	calandria	
03.311	悬筐蒸发器	basket-type evaporator	
03.312	强制循环蒸发器	forced circulation evaporator	
03.313	膜式蒸发器	film-type evaporator	
03.314	降膜蒸发器	falling-film evaporator	
03.315	升膜蒸发器	climbing-film evaporator	
03.316	薄膜蒸发器	thin-film evaporator, Luwa evaporator	内带转动刮板。
03.317	板式蒸发器	plate-type evaporator	
03.318	闪蒸器	flash evaporator	
03.319	闪蒸	flash, flash evaporation	

序　码	汉　文　名	英　文　名	注　　释
03.320	多效蒸发	multiple-effect evaporation	
03.321	顺向进料	forward feed	
03.322	逆向进料	backward feed	
03.323	平行进料	parallel feed	
03.324	疏水器	trap	曾用名“汽水分离器”。
03.325	大气冷凝器	barometric condenser	
03.326	大气腿	barometric leg	
03.327	结晶	crystallization	
03.328	饱和	saturation	
03.329	过饱和	supersaturation	
03.330	过冷	supercooling	
03.331	过热	superheating	
03.332	成核	nucleation	又称“晶核生成”。
03.333	晶核	crystal nucleus	
03.334	晶种	seed crystal	
03.335	亚稳区	metastable region	曾用名“介稳区”。
03.336	晶体	crystal	
03.337	单晶	single crystal	
03.338	母液	mother liquor	
03.339	晶浆	magma	
03.340	晶体生长	crystal growth	
03.341	结晶热	heat of crystallization	
03.342	结晶速率	crystallization rate	
03.343	晶体习性	crystal habit	
03.344	晶习改性	crystal habit modification	
03.345	晶面	crystal face	
03.346	晶体粒度	crystal size	
03.347	分步结晶	fractional crystallization	
03.348	真空结晶	vacuum crystallization	
03.349	结块	caking	
03.350	蒸发结晶	evaporative crystallization	
03.351	蒸发结晶器	evaporative crystallizer	
03.352	冷却结晶器	cooling crystallizer	
03.353	槽式结晶器	tank crystallizer	
03.354	结晶蒸发器	crystallizing evaporator	
03.355	蒸发冷却	evaporative cooling	

序 码	汉 文 名	英 文 名	注 释
03.356	搅拌结晶器	stirred type crystallizer	
03.357	刮刀连续结晶槽	Swenson-Walker crystallizer	
03.358	摆动连续结晶槽	Wulff-Bock crystallizer	
03.359	套管冷却结晶器	double-pipe cooler crystallizer, votator apparatus	
03.360	奥斯陆蒸发结晶器	Oslo evaporative crystallizer	
03.361	导流筒挡板结晶器	draft -tube-baffled crystallizer, DTB crystallizer	又称“DTB 结晶器”。

03.4 传质分离过程

03.4.1 蒸 馏

序 码	汉 文 名	英 文 名	注 释
03.362	蒸馏	distillation	
03.363	道尔顿定律	Dalton's law	
03.364	相对挥发度	relative volatility	
03.365	微分蒸馏	differential distillation	又称“简单蒸馏(simple distillation)”。
03.366	平衡蒸馏	equilibrium distillation	
03.367	精馏	rectification	
03.368	分馏	fractionation	
03.369	提馏	stripping	
03.370	汽提	steam stripping	
03.371	气提	gas stripping	
03.372	连续蒸馏	continuous distillation	
03.373	间歇蒸馏	batch distillation	又称“分批蒸馏”。
03.374	塔板	plate, tray	
03.375	理论级	theoretical stage	
03.376	理论[塔]板	theoretical plate	
03.377	实际[塔]板	actual plate	
03.378	再沸器	reboiler	又称“重沸器”。
03.379	分凝器	partial condenser	
03.380	中间加热器	side heater	
03.381	中间冷却器	side cooler	
03.382	M-T图	McCabe-Thiele diagram	
03.383	操作线	operating line	
03.384	回流比	reflux ratio	

序码	汉文名	英文名	注释
03.385	全回流	total reflux	
03.386	最小回流比	minimum reflux ratio	
03.387	芬斯克方程	Fenske's equation	
03.388	等[理论]板高度	height equivalent of a theoretical plate, HETP	又称"理论板当量高度"。
03.389	二元混合物	binary mixture	又称"双组分混合物"。
03.390	多元混合物	multicomponent mixture	又称"多组分混合物"。
03.391	精馏段	rectification section	
03.392	提馏段	stripping section	
03.393	馏出液	distillate	
03.394	残液	residue	又称"釜液"。
03.395	回收[率]	recovery	
03.396	共沸蒸馏	azeotropic distillation	又称"恒沸蒸馏"。
03.397	萃取蒸馏	extractive distillation	
03.398	水蒸汽蒸馏	steam distillation	
03.399	分子蒸馏	molecular distillation	
03.400	真空蒸馏	vacuum distillation	又称"减压蒸馏"。
03.401	反应蒸馏	distillation with chemical reaction	

03.4.2 吸　收

序码	汉文名	英文名	注释
03.402	吸收	absorption	
03.403	物理吸收	physical absorption	
03.404	化学吸收	chemical absorption	
03.405	吸收等温线	absorption isotherm	
03.406	吸收速率	absorption rate	
03.407	溶解度	solubility	
03.408	溶液	solution	
03.409	溶质	solute	
03.410	溶剂	solvent	
03.411	本森系数	Benson's solubility coefficient	
03.412	解吸	desorption, stripping	
03.413	脱附	desorption	
03.414	非等温吸收	non-isothermal absorption	
03.415	吸收因子	absorption factor	
03.416	解吸因子	desorption factor, stripping factor	

序码	汉文名	英文名	注释
03.417	克伦舍尔图	Kremser's diagram	吸收(或解吸)因子与理论级数(或传质单元数)的关系。
03.418	湿壁塔	wetted wall column	
03.419	圆盘塔	disc column	
03.420	旋风洗涤器	cyclone scrubber	
03.421	膜式洗涤器	film scrubber	
03.422	喷淋洗涤器	spray scrubber	

03.4.3 气液传质设备

序码	汉文名	英文名	注释
03.423	气液传质设备	gas-liquid mass transfer equipment	
03.424	填料塔	packed column	
03.425	板式塔	tray column	
03.426	散装填料	dumped packing	又称"乱堆填料"。
03.427	整装填料	structured packing	又称"规整填料"。
03.428	拉西环	Raschig ring	
03.429	鲍尔环	Pall ring	
03.430	阶梯环	cascade ring	
03.431	弧鞍填料	Berl saddle	
03.432	矩鞍填料	Intalox saddle	
03.433	螺旋环	spiral ring	
03.434	θ网环	Dixon ring	
03.435	双层θ网环	Borad ring	
03.436	网鞍填料	McMahon packing	
03.437	压延孔环	Cannon ring	
03.438	螺线圈填料	Fenske packing	又称"芬斯克填料"。
03.439	网波纹填料	corrugated wire gauze packing	
03.440	压延孔板波纹填料	protruded corrugated sheet packing	
03.441	板波纹填料	Mellapak packing	
03.442	压板	hold-down plate	
03.443	塔内件	column internals	
03.444	液泛	flooding	
03.445	泛点	flooding point	
03.446	载液	loading	
03.447	载点	loading point	
03.448	泛点速度	flooding velocity	

序　码	汉　文　名	英　文　名	注　　释
03.449	填料因子	packing factor	
03.450	气相动能因子	gas phase loading factor	又称“F 因子(F factor)”。
03.451	沟流	channeling	
03.452	润湿表面积	wetted surface area	
03.453	润湿率	irrigation rate	单位塔截面填料周边上的液体流率。
03.454	喷淋密度	specific liquid rate, spray density	单位塔截面上的液体流率。
03.455	空隙率	voidage	
03.456	持液量	liquid holdup	又称“持液率”。
03.457	持气率	gas holdup	
03.458	填料支承板	supporting plate	
03.459	分布板	distribution plate	
03.460	泡罩板	bubble cap tray	
03.461	筛板	sieve tray	
03.462	浮阀板	floating valve tray	
03.463	穿流塔板	dual-flow tray	
03.464	穿流栅板	turbogrid tray	
03.465	导向筛板	Linde sieve tray	又称“林德筛板”。
03.466	垂直筛板	vertical sieve tray, VST	
03.467	多降液管塔板	multidowncomer tray, MD tray	
03.468	舌形板	jet tray	
03.469	网孔塔板	perform tray	
03.470	波楞穿流板	ripple tray	
03.471	塔板间距	tray spacing	
03.472	降液管	downcomer	
03.473	降液管液柱高度	downcomer backup	
03.474	溢流堰	overflow weir	
03.475	堰高	weir height	
03.476	堰上溢流液头	height of crest over weir	
03.477	[雾沫]夹带	entrainment	
03.478	漏液	weeping	
03.479	[塔]板效率	plate efficiency, tray efficiency	
03.480	级效率	stage efficiency	
03.481	点效率	point efficiency	
03.482	默弗里效率	Murphree efficiency	

序码	汉文名	英文名	注释
03.483	[操作]弹性	flexibility, turndown ratio	
03.484	鼓泡塔	bubble column	
03.485	喷洒塔	spray column	

03.4.4 萃取与浸取

序码	汉文名	英文名	注释
03.486	萃取	extraction	
03.487	液液萃取	liquid-liquid extraction	
03.488	溶剂萃取	solvent extraction	
03.489	萃取液	extract	
03.490	萃余液	raffinate	又称"抽余液"。
03.491	共溶点	plait point	又称"褶点"。
03.492	共萃取	coextraction	
03.493	反萃取	reverse extraction, stripping	
03.494	脉冲筛板塔	pulsed sieve plate column	
03.495	往复板萃取塔	reciprocating plate column, Karr column	
03.496	转盘塔	rotating disc contactor, RDC	
03.497	屈尼萃取塔	Kühni extractor	
03.498	混合澄清器	mixer-settlers	又称"混合沉降器"。
03.499	离心萃取器	centrifugal extractor	
03.500	旋转萃取器	rotating extractor	
03.501	浸取	leaching	又称"液固萃取(liquid-solid extraction)"。
03.502	浸滤	lixiviation	
03.503	浸渍	dipping, infusion	又称"浸泡"。
03.504	洗涤	washing, scrubbing	又称"水洗"。
03.505	间歇浸取器	batch extractor	又称"分批浸取器"。
03.506	提斗浸取器	bucket-elevator extractor	
03.507	渗滤器	percolation extractor	
03.508	转带浸取器	belt extractor	
03.509	堆[积]浸[取]	heap and dump leaching	
03.510	桶式浸取	vat leaching	
03.511	气升式搅拌浸取器	Pachuca extractor	又称"帕丘卡浸取器"。
03.512	生物浸取	bioleaching	

序码	汉文名	英文名	注释
03.513	超临界[流体]萃取	supercritical fluid extraction	

03.4.5 干燥

序码	汉文名	英文名	注释
03.514	干燥	drying	
03.515	湿物料	moist material	
03.516	湿含量	moisture content	
03.517	临界湿含量	critical moisture content	
03.518	游离水分	free moisture	又称“自由水分”。
03.519	结合水分	bound moisture	
03.520	干燥速率	drying rate	
03.521	干燥曲线	drying curve	
03.522	恒速干燥[阶]段	constant rate drying period	
03.523	降速干燥[阶]段	falling rate drying period	
03.524	厢式干燥器	tray dryer, shelf dryer, compartment dryer	
03.525	隧道干燥器	tunnel dryer	
03.526	带式干燥器	belt dryer	
03.527	回转干燥器	rotary dryer	
03.528	圆盘干燥器	disk dryer	
03.529	喷流干燥器	jet dryer	
03.530	滚筒干燥器	rotating drum dryer	
03.531	气流干燥器	pneumatic dryer	
03.532	旋转闪蒸干燥器	spin flash dryer	
03.533	螺旋干燥器	spiral dryer	
03.534	离心干燥器	centrifugal dryer	
03.535	流化床干燥器	fluidized bed dryer	
03.536	喷雾干燥器	spray dryer	
03.537	喷动床干燥器	spouted bed dryer	
03.538	红外干燥	infrared drying	
03.539	冷冻干燥	lyophilization, freeze drying	
03.540	真空干燥	vacuum drying	
03.541	微波干燥	microwave drying	

03.4.6 吸附与离子交换

序码	汉文名	英文名	注释
03.542	吸附	adsorption	
03.543	吸附剂	adsorbent	

序　码	汉　文　名	英　文　名	注　　释
03.544	吸附质	adsorbate	
03.545	化学吸附	chemisorption	
03.546	物理吸附	physical adsorption	
03.547	吸附容量	adsorption capacity	
03.548	吸附平衡	adsorption equilibrium	
03.549	吸附等温线	adsorption isotherm	
03.550	吸附势	adsorption potential	
03.551	穿透曲线	breakthrough curve	
03.552	穿透点	breakthrough point	
03.553	传质区	mass transfer zone, MTZ	
03.554	吸附速率	adsorption rate	
03.555	朗缪尔方程	Langmuir equation	
03.556	BET 方程	Brunauer-Emmett-Teller equation, BET equation	
03.557	弗罗因德利希方程	Freundlich equation	
03.558	DR 方程	Dubinin-Radushkerich equation	
03.559	变压吸附	pressure swing adsorption, PSA	
03.560	超吸附	hypersorption	
03.561	模拟移动床吸附	simulated moving bed adsorption	
03.562	变温吸附	temperature swing adsorption, TSA	
03.563	参数泵	parametric pump	利用周期性变动参数法分离。
03.564	吸附器	adsorber	
03.565	移动床吸附器	moving bed adsorber	
03.566	流化床吸附器	fluidized bed adsorber	
03.567	工业色谱[法]	process-scale chromatography	
03.568	离子交换色谱[法]	ion exchange chromatography	
03.569	离子交换	ion exchange	
03.570	离子交换剂	ion exchanger	
03.571	离子交换容量	ion exchange capacity	
03.572	离子交换平衡	ion exchange equilibrium	
03.573	反荷离子	counter ion	
03.574	共离子	co-ion	
03.575	洗脱	elution	

序码	汉文名	英文名	注释
03.576	洗出液	eluate	
03.577	阴离子交换剂	anion exchanger	
03.578	阳离子交换剂	cation exchanger	
03.579	选择性系数	selectivity coefficient	
03.580	分配比	distribution ratio	
03.581	分离因子	separation factor	

03.4.7 膜分离

序码	汉文名	英文名	注释
03.582	膜	membrane	
03.583	膜渗透	membrane permeation	
03.584	气体渗透	gas permeation	
03.585	液体渗透	liquid permeation	
03.586	渗透率	permeability	
03.587	渗透通量	permeation flux	
03.588	反渗透	reverse osmosis	
03.589	渗析	dialysis	又称"透析"。
03.590	微[孔过]滤	microfiltration	
03.591	超滤	ultrafiltration	
03.592	纳米过滤	nanofiltration	
03.593	[膜]渗滤	diafiltration	
03.594	膜蒸馏	membrane distillation	
03.595	渗透蒸发	pervaporation	
03.596	电渗析	electrodialysis	
03.597	多孔膜	porous membrane	
03.598	非多孔膜	nonporous membrane	
03.599	微孔膜	microporous membrane	
03.600	均质膜	homogeneous membrane	
03.601	对称膜	symmetric membrane	
03.602	非对称膜	asymmetric membrane	又称"各向异性膜(anisotropic membrane)"。
03.603	离子交换膜	ion exchange membrane	
03.604	复合膜	composite membrane	
03.605	液膜	liquid membrane	
03.606	膜萃取	membrane extraction	
03.607	膜组件	membrane module	
03.608	管式组件	tubular module	

序码	汉文名	英文名	注释
03.609	板框组件	plate-and-frame module	
03.610	螺旋卷组件	spiral-wound module	
03.611	中空纤维组件	hollow-fiber module	
03.612	毛细管组件	capillary module	
03.613	渗透物	permeate	
03.614	渗余物	retentate	

03.5 固体过程

03.5.1 颗粒学与流态化

序码	汉文名	英文名	注释
03.615	颗粒学	particuology	
03.616	微粒学	micromeritics	
03.617	粉体技术	powder technology	又称“粉体工程”。
03.618	颗粒	particle	
03.619	粉[体]	powder	
03.620	粗颗粒	coarse particle	
03.621	细颗粒	fine particle	
03.622	颗粒群	particle swarm	
03.623	粒径	particle diameter	
03.624	粒度	particle size	
03.625	粒度分布	particle size distribution	
03.626	筛孔直径	sieve diameter	
03.627	空气动力直径	aerodynamic diameter	
03.628	索特平均直径	Sauter mean diameter	又称“当量比表面直径”。
03.629	斯托克斯直径	Stokes diameter	
03.630	等效自由沉降直径	equivalent free-falling diameter	
03.631	颗粒密度	particle density	
03.632	粉体密度	powder density	
03.633	真密度	true density	
03.634	视密度	apparent density	又称“表观密度”。
03.635	堆密度	bulk density	
03.636	振实密度	tap density	又称“夯实密度”。
03.637	有效密度	effective density	又称“修正密度”。
03.638	颗粒形状	particle shape	简称“粒形”。
03.639	长宽比	aspect ratio	

序码	汉文名	英文名	注释
03.640	形状系数	shape factor	
03.641	球形度	sphericity	
03.642	圆形度	circularity	
03.643	休止角	angle of repose	
03.644	内摩擦角	angle of internal friction	
03.645	壁摩擦角	angle of wall friction	
03.646	滑动角	angle of slide	
03.647	落角	angle of fall	
03.648	差角	angle of difference	
03.649	倾角	angle of inclination	
03.650	刮铲角	angle of spatula	
03.651	释放角	angle of release	又称“开角”。
03.652	粒度分析	granulometry, grainsize analysis	
03.653	粒度分析仪	granulometer, grainsize analyzer	
03.654	库尔特粒度仪	Coulter counter	
03.655	沉降[天平]仪	sedimentometer	
03.656	热线粒度分析仪	hot-wire size analyzer	
03.657	图象分析仪	Quantimet	
03.658	流态化	fluidization	
03.659	经典流态化	classical fluidization	
03.660	广义流态化	generalized fluidization	
03.661	散式流态化	particulate fluidization	
03.662	聚式流态化	aggregative fluidization	
03.663	鼓泡流态化	bubbling fluidization	
03.664	快速流态化	fast fluidization	
03.665	磁力流态化	magneto fluidization	
03.666	三相流态化	three-phase fluidization	
03.667	飘浮	levitation	
03.668	流化速度	fluidizing velocity	
03.669	自由沉降速度	free falling velocity	
03.670	终端速度	terminal velocity	
03.671	夹带速度	entrainment velocity	

03.5.2 气态非均一系分离

序码	汉文名	英文名	注释
03.672	气溶胶	aerosol	
03.673	粉尘	dust	
03.674	雾	mist	

序码	汉文名	英文名	注释
03.675	泡沫	foam	
03.676	烟	smoke	
03.677	烟雾	fume	
03.678	机械分离	mechanical separation	
03.679	重力分离	gravity separation	
03.680	离心分离	centrifugal separation	
03.681	惯性分离	inertial separation	
03.682	湿法分离	wet separation	
03.683	静电分离	electrostatic separation	
03.684	惯性碰撞	inertial impaction	
03.685	重力沉降	gravity settling	
03.686	流线截取	flow-line interception	
03.687	布朗扩散	Brownian diffusion	
03.688	静电吸引	electrostatic attraction	
03.689	碰撞	impingement, collision	
03.690	雾化	atomization	
03.691	浸润	imbibition	又称"吸液"。
03.692	热沉降	thermal precipitation	
03.693	声聚	sonic agglomeration	
03.694	含尘量	dustiness	
03.695	含尘气体	dust-laden gas	
03.696	分离效率	separation efficiency	
03.697	捕集效率	collection efficiency	
03.698	分级效率	fractional efficiency	
03.699	去污指数	decontamination factor, DF	又称"净化指数"。
03.700	集尘器	dust collector	
03.701	旋风分离器	cyclone	
03.702	袋滤器	bag filter	
03.703	颗粒层过滤器	granular-bed filter	
03.704	静电沉降器	electrostatic precipitator	又称"电除尘器"。
03.705	文丘里洗涤器	Venturi scrubber	
03.706	测尘器	konimeter	

03.5.3 固液分离

序码	汉文名	英文名	注释
03.707	固液分离	solid-liquid separation	
03.708	水溶胶	hydrosol	
03.709	悬浮体	suspensoid	

序码	汉文名	英文名	注释
03.710	浆料	slurry, pulp	又称“淤浆”。
03.711	疏水性颗粒	hydrophobic particle	
03.712	亲水性颗粒	hydrophilic particle	
03.713	浮选	flotation	
03.714	淘析	sluice separation	
03.715	澄清	clarification	
03.716	澄清器	clarifier	
03.717	澄清过滤器	clarifying filter	
03.718	絮凝	flocculation	
03.719	絮凝剂	flocculant	
03.720	沉积物	sediment	
03.721	溢流	overflow	又称“上溢”。
03.722	底流	underflow	又称“下漏”。
03.723	流出物	effluent	
03.724	倾析	decantation	
03.725	沉降	sedimentation, settling	
03.726	自由沉降	free sedimentation	
03.727	受阻沉降	hindered sedimentation	
03.728	沉降图	sedigraph	
03.729	增稠器	thickener	又称“浓密机”。
03.730	通量密度	flux density	
03.731	固相线	solidus	
03.732	沉积层	settled layer	
03.733	过滤	filtration	
03.734	过滤介质	filtration medium	
03.735	助滤剂	filter aid	
03.736	砂滤器	sand-bed filter	
03.737	真空过滤机	vacuum filter	
03.738	板框压滤机	plate-and-frame filter press	
03.739	加压叶滤机	pressure leaf filter	
03.740	转筒真空过滤机	rotary vacuum drum filter	
03.741	超滤机	ultrafilter	
03.742	渗滤	percolation	
03.743	渗滤液	percolate	
03.744	旋液分离器	hydrocyclone	
03.745	离子迁移	ionic migration	
03.746	浓差扩散	concentration diffusion	

序码	汉文名	英文名	注释
03.747	逆流洗涤	countercurrent washing	
03.748	反洗	backflushing	
03.749	脱水	dewatering	
03.750	喷洗器	jetter	
03.751	洗涤塔	column washer, column scrubber	
03.752	洗涤液	washings	
03.753	富集	enrichment	
03.754	稠度	consistency, thickness	
03.755	浊度	turbidity	
03.756	浊度计	turbidometer	
03.757	淤泥	sludge	
03.758	压榨	expression	又称“挤出”。
03.759	压榨速率	expression rate	
03.760	压榨常数	expression constant	
03.761	离心机	centrifuge	
03.762	沉降离心机	sedimentation centrifuge	
03.763	多室离心机	multichamber centrifuge	
03.764	离心过滤机	centrifugal filter	
03.765	超速离心机	ultracentrifuge	

03.5.4 粉碎、分级与团聚

序码	汉文名	英文名	注释
03.766	延性物料	ductile material	
03.767	脆性物料	brittle material	
03.768	团聚	agglomeration	
03.769	团块	agglomerate	
03.770	烧结料	sintered material	
03.771	粉碎	size reduction	曾用名“磨细”。指粒度细化。
03.772	研磨	grind	
03.773	破碎	crush, disintegration	
03.774	破裂	breakage	
03.775	碎裂	fragmentation	
03.776	易碎性	fragility	
03.777	裂缝	crack	
03.778	接触角	contact angle	
03.779	应力集中	stress concentration	
03.780	应变能	strain energy	

序　码	汉　文　名	英　文　名	注　　释
03.781	变形功	deformation work	
03.782	研磨效率	mill efficiency	
03.783	研磨能力	mill capacity	
03.784	破碎强度	crushing strength	
03.785	开路	open circuit	
03.786	闭路	closed circuit	
03.787	漏斗状流动	funnel flow	
03.788	涌料	flushing	
03.789	颚式破碎机	jaw crusher	
03.790	回转破碎机	gyratory crusher	
03.791	圆锥破碎机	cone crusher	
03.792	辊式破碎机	roll crusher	
03.793	锤式破碎机	hammer crusher	
03.794	冲击式破碎机	impact crusher	
03.795	球磨机	ball mill	
03.796	砾磨机	pebble mill	
03.797	棒磨机	rod mill	
03.798	管磨机	tube mill	
03.799	滚磨机	tumbling mill	
03.800	自磨机	autogenous mill	
03.801	环滚磨机	ring roll mill	
03.802	雷蒙磨	Raymond mill	
03.803	碗形磨	bowl mill	
03.804	砂磨	sand mill	
03.805	粉磨机	pulverizer	
03.806	气流粉碎机	jet mill	
03.807	胶体磨	colloid mill	
03.808	分散磨	dispersion mill	
03.809	圆盘磨	disc attrition mill	
03.810	衬里	lining	
03.811	研磨辅料	grinding additive	
03.812	研磨介质	grinding medium	
03.813	充填率	packing fraction	
03.814	筛析	screen analysis	又称“筛分”。
03.815	网筛	mesh screening	又称“过筛”。
03.816	振动筛	vibrating screen	
03.817	弧形筛	sieve-bend screen	

序码	汉文名	英文名	注释
03.818	泰勒标准筛	Tyler standard sieve	
03.819	粒度分级	size classification	
03.820	分级器	classifier	
03.821	压片	tabletting	
03.822	压块	briquetting	
03.823	成球	balling, prilling	
03.824	造粒	granulation, pelletizing	
03.825	充气	aeration	
03.826	脱气	deaeration	
03.827	料封	material seal	
03.828	料仓松动器	bin activator	
03.829	仓式卸料器	bin discharger	
03.830	闭锁式料斗	lock hopper	
03.831	卸料器	dumper	
03.832	料槽	trough	
03.833	空气溜槽	air slide	
03.834	变动系数	coefficient of variation	

04. 化学反应工程

04.1 一般术语

序码	汉文名	英文名	注释
04.001	简单反应	simple reaction	
04.002	单反应	single reaction	
04.003	复杂反应	complex reaction	
04.004	多重反应	multiple reaction	
04.005	连串反应	consecutive reaction	
04.006	平行反应	parallel reaction	
04.007	同时反应	simultaneous reaction	
04.008	瞬时反应	instantaneous reaction	
04.009	可逆反应	reversible reaction	
04.010	不可逆反应	irreversible reaction	
04.011	吸热反应	endothermic reaction	
04.012	放热反应	exothermic reaction	
04.013	副反应	side reaction	

序码	汉文名	英文名	注释
04.014	二次反应	secondary reaction	
04.015	自热反应	autothermal reaction	
04.016	转化	conversion, transformation	
04.017	转化率	conversion	
04.018	收率	yield	
04.019	选择性	selectivity	
04.020	寿命	lifetime	
04.021	空间速率	space velocity, SV	简称“空速”。
04.022	空时收率	space time yield, STY	
04.023	液态空速	liquid hourly space velocity, LHSV	
04.024	接触时间	contact time	
04.025	催化	catalysis	
04.026	催化剂	catalyst	
04.027	助催化剂	promoter, co-catalyst	
04.028	整装催化剂	monolithic catalyst	
04.029	本体聚合	bulk polymerization	
04.030	溶液聚合	solution polymerization	
04.031	乳液聚合	emulsion polymerization	
04.032	悬浮聚合	suspension polymerization	
04.033	沉淀聚合	precipitation polymerization	
04.034	爆聚[合]	explosive polymerization	
04.035	聚合度	degree of polymerization	
04.036	分子量分布	molecular weight distribution, MWD	
04.037	特征长度	characteristic length	
04.038	特征时间	characteristic time	
04.039	稳定性	stability	
04.040	稳定性分析	stability analysis	
04.041	集总参数模型	lumped parameter model	
04.042	分布参数模型	distributed parameter model	
04.043	飞温	temperature runaway	
04.044	多重态	multiplicity, multiplet	
04.045	多重稳态	multiple stability	
04.046	壁效应	wall effect	

序码	汉文名	英文名	注释

04.2 反应动力学

序码	汉文名	英文名	注释
04.047	反应机理	reaction mechanism	
04.048	反应途径	reaction path	
04.049	反应网络	reaction network	
04.050	反应级数	reaction order	
04.051	反应速率	reaction rate	
04.052	反应进度	extent of reaction	又称“反应程度”。
04.053	总体速率	global rate	
04.054	反应动力学	reaction kinetics	
04.055	反应速率常数	reaction rate constant	
04.056	本征动力学	intrinsic kinetics	
04.057	宏观动力学	macrokinetics	
04.058	活化能	activation energy	
04.059	表观活化能	apparent activation energy	
04.060	振荡	oscillation	
04.061	强制振荡	forced oscillation	
04.062	化学振荡	chemical oscillation	
04.063	均相反应	homogeneous reaction	
04.064	非均相反应	heterogeneous reaction	
04.065	链反应	chain reaction	
04.066	链引发	chain initiation	
04.067	链增长	chain propagation	
04.068	链终止	chain termination	
04.069	链转移	chain transfer	
04.070	支链	branched chain	
04.071	抑制	inhibition	
04.072	抑制剂	inhibitor	
04.073	引发剂	initiator	
04.074	诱导期	induction period	
04.075	起燃	ignition	
04.076	熄灭	extinction	
04.077	燃尽	burn-out	
04.078	阿伦尼乌斯方程	Arrhenius equation	
04.079	指[数]前因子	pre-exponential factor	又称“频率因子(frequency factor)”。
04.080	膨胀因子	expansion factor	

序　码	汉　文　名	英　文　名	注　　释
04.081	均相催化	homogeneous catalysis	
04.082	非均相催化	heterogeneous catalysis	
04.083	择形催化	shape selective catalysis	
04.084	沸石催化剂	zeolite catalyst	
04.085	分子筛	molecular sieve	
04.086	大孔	macropore	
04.087	细孔	mesopore	
04.088	微孔	micropore	
04.089	孔体积	pore volume	又称“孔容”。
04.090	孔径分布	pore size distribution	
04.091	孔隙率	porosity	
04.092	比表面积	specific surface area	
04.093	均匀表面	homogeneous surface	
04.094	非均匀表面	heterogeneous surface	
04.095	表面扩散	surface diffusion	
04.096	活性	activity	
04.097	活性部位	active site	
04.098	活性中心	active center	
04.099	覆盖率	fraction of coverage	
04.100	活性分布	activity distribution	
04.101	活性校正因子	activity correction factor	
04.102	曲折因子	tortuosity	
04.103	竞争吸附	competitive adsorption	
04.104	解离吸附	dissociative adsorption	
04.105	择形性	shape selectivity	
04.106	载体	carrier, supporter	
04.107	毒物	poison	
04.108	中毒	poisoning	
04.109	掺入	dope	
04.110	表面中毒	surface poisoning	
04.111	均匀中毒	homogeneous poisoning	
04.112	陈化	aging	
04.113	老化	aging	
04.114	再生	regeneration	
04.115	活性衰减	decay of activity	
04.116	失活	deactivation, inactivation	
04.117	独立失活	independent deactivation	

序码	汉文名	英文名	注释
04.118	平行失活	parallel deactivation	
04.119	烧结	sintering	
04.120	结焦	coking	又称"结炭"。
04.121	前体	precursor	
04.122	集总动力学	lumping kinetics	
04.123	朗-欣机理	Langmuir-Hinshelwood mechanism, L-H mechanism	
04.124	里迪尔机理	Rideal mechanism	
04.125	吸附控制	adsorption control	
04.126	脱附控制	desorption control	
04.127	扩散控制	diffusion control	
04.128	膜扩散控制	film diffusion control	
04.129	动力学控制	kinetic control	
04.130	表面反应控制	surface reaction control	
04.131	双曲线型[动力学]方程	hyperbolic type [kinetic] equation	
04.132	幂函数型[动力学]方程	power function type [kinetic] equation	
04.133	蒂勒模数	Thiele modulus	
04.134	韦斯模数	Weisz modulus	
04.135	有效因子	effectiveness factor	
04.136	有效系数	effectiveness coefficient	
04.137	增强因子	enhancement factor	
04.138	缩核模型	shrinking core model	
04.139	未反应核模型	unreacted core model	
04.140	均匀转化模型	uniform conversion model	
04.141	渐进转化模型	progressive conversion model	
04.142	裂核模型	cracking core model	

04.3 流动与混合

序码	汉文名	英文名	注释
04.143	流动系统	flow system	
04.144	理想流动	ideal flow	
04.145	非理想流动	nonideal flow	
04.146	置换	displacement	又称"排代"。
04.147	平推流	plug flow	又称"活塞流"。
04.148	全混	complete mixing, perfect mixing	
04.149	全混流	complete mixing flow	

序码	汉文名	英文名	注释
04.150	环流	circulation	
04.151	旁路	bypass	又称“侧流”。
04.152	各向同性	isotropy	
04.153	各向异性	anisotropy	
04.154	[旋]涡	eddy	
04.155	涡流	eddy flow	
04.156	科尔莫戈罗夫尺度	Kolmogorov's scale	
04.157	能量耗散	energy dissipation	
04.158	动量传递系数	momentum transfer coefficient	
04.159	涨落	fluctuation	
04.160	单分散	monodisperse	
04.161	跳跃速度	saltation velocity	
04.162	返混	backmixing	
04.163	横向混合	lateral mixing	
04.164	弥散模型	dispersion model	
04.165	弥散系数	dispersion coefficient	
04.166	多釜串联模型	tanks-in-series model	
04.167	闭式容器	closed vessel	
04.168	闭式边界	closed boundary	
04.169	开式容器	open vessel	
04.170	开式边界	open boundary	
04.171	示踪剂	tracer	
04.172	停留时间	residence time	
04.173	停留时间分布	residence time distribution, RTD	
04.174	停留时间分布密度函数	residence time distribution density function	
04.175	阶跃响应	step response	
04.176	脉冲响应	pulse response	
04.177	寿命分布	life distribution	
04.178	年龄分布	age distribution	
04.179	平均停留时间	mean residence time	
04.180	死区	dead zone	
04.181	组合流动模型	composite flow model	
04.182	多室流动模型	compartment flow model	
04.183	对流流动模型	convection flow model	
04.184	预分布	predistribution	

序码	汉文名	英文名	注释
04.185	最大混合度	maximum mixedness	
04.186	聚并	coalescence	又称“凝并”。
04.187	微观混合	micromixing	
04.188	微观流体	microfluid	
04.189	宏观混合	macromixing	
04.190	宏观流体	macrofluid	

04.4 热量与质量传递

序码	汉文名	英文名	注释
04.191	热扩散	thermal diffusion	
04.192	热稳定性	thermal stability	
04.193	热点	hot spot	
04.194	有效导热系数	effective thermal conductivity	
04.195	内扩散	internal diffusion	
04.196	外扩散	external diffusion	
04.197	克努森扩散	Knudsen diffusion	
04.198	迁移	migration	
04.199	粒内扩散	intraparticle diffusion	
04.200	粒间扩散	interparticle diffusion	
04.201	多孔介质	porous medium	

04.5 反应器

序码	汉文名	英文名	注释
04.202	反应器	reactor	
04.203	微分反应器	differential reactor	
04.204	积分反应器	integral reactor	
04.205	旋筐反应器	rotating-basket reactor	
04.206	无梯度反应器	gradientless reactor	
04.207	级联反应器	cascade reactor	
04.208	体积效率	volumetric efficiency	
04.209	高径比	aspect ratio	
04.210	反应釜	reaction kettle	
04.211	管式反应器	tubular reactor	
04.212	连续搅拌[反应]釜	continuous stirred tank reactor, CSTR	连续流动的搅拌釜式反应器。
04.213	平桨	paddle	
04.214	螺旋桨	propeller	
04.215	涡轮	turbine	
04.216	桨尖速度	tip speed	

序　码	汉　文　名	英　文　名	注　　释
04.217	临界转速	critical speed	
04.218	刮板	scraper	
04.219	鼓泡	bubbling	
04.220	绝热温升	adiabatic temperature rise	
04.221	冷激	quench	又称"骤冷"。
04.222	拟均相模型	pseudo-homogeneous model	
04.223	一维模型	one-dimensional model	
04.224	二维模型	two-dimensional model	
04.225	浓度分布	concentration distribution	
04.226	浓度[分布]剖面[图]	concentration profile	
04.227	节涌	slugging	又称"腾涌"。
04.228	噎塞	choking	
04.229	鼓泡流化床	bubbling fluidized bed	
04.230	脉动流化床	pulsating fluidized bed	
04.231	振动流化床	vibrated fluidized bed	
04.232	湍动流化床	turbulent fluidized bed	
04.233	磁稳流化床	magnetically stabilized fluidized bed	
04.234	快速流化床	fast fluidized bed	
04.235	循环流化床	circulating fluidized bed	
04.236	喷动床	spouted bed	
04.237	喷动流化床	spouted fluidized bed	
04.238	跳汰流化床	jigged fluidized bed	
04.239	浅床	shallow bed	
04.240	多级流化床	multistage fluidized bed	
04.241	三相流化床	three-phase fluidized bed	
04.242	起始流化态	incipient fluidization	又称"最小流化态(minimum fluidization)"。
04.243	起始流化速度	incipient fluidizing velocity	又称"最小流化速度(minimum fluidizing velocity)"。
04.244	稀相	dilute phase	
04.245	密相	dense phase	又称"浓相"。
04.246	贫相	lean phase	
04.247	富相	rich phase	

序　码	汉　文　名	英　文　名	注　　释
04.248	空隙速度	interstitial velocity	
04.249	喷发	eruption	
04.250	喷流	spouting	
04.251	流化数	fluidization number	
04.252	通过量	throughput	又称"产量"。
04.253	乳相	emulsion phase	
04.254	二次夹带	re-entrainment	
04.255	[输送]分离高度	transport disengaging height, TDH	
04.256	扬析	elutriation	
04.257	扬析常数	elutriation constant	
04.258	自由空间	freeboard	又称"分离空间"。
04.259	气体分布器	gas distributor	
04.260	风帽分布板	tuyere distributor	
04.261	多孔板	perforated plate	
04.262	密孔板	porous plate	
04.263	充气室	plenum chamber	
04.264	射流穿透长度	jet penetration length	
04.265	气泡聚并	bubble coalescence	
04.266	气泡云	bubble cloud	又称"气泡晕"。
04.267	尾流	wake	又称"尾涡"。
04.268	存量	inventory	又称"藏量"。
04.269	沉料	jetsam	
04.270	浮料	floatsam	
04.271	提升管	riser	
04.272	浸没表面	immersed surface	
04.273	立管	standpipe	
04.274	料腿	dipleg	
04.275	内[部]构件	internals	
04.276	百叶窗挡板	louver type baffle	
04.277	颗粒簇	cluster of particle	
04.278	相间交换系数	interphase exchange coefficient	
04.279	两相模型	two-phase model	
04.280	多区模型	multi-region model	
04.281	磨损	attrition, abrasion	
04.282	磨蚀	erosion	
04.283	床层塌落技术	bed-collapsing technique	

序 码	汉 文 名	英 文 名	注 释
04.284	固定床反应器	fixed bed reactor	
04.285	流化床反应器	fluidized bed reactor	
04.286	移动床反应器	moving bed reactor	
04.287	滴流床	trickle bed	又称“涓流床”。
04.288	循环反应器	recirculation reactor	
04.289	浆料反应器	slurry reactor	
04.290	环流反应器	loop reactor, circulating reactor	
04.291	径向反应器	radial flow reactor	
04.292	射流反应器	jet reactor	
04.293	膜反应器	membrane reactor	
04.294	复合反应器	compound reactor	
04.295	电化学反应器	electrochemical reactor	
04.296	再生器	regenerator	
04.297	加压釜	autoclave	又称“高压釜”。
04.298	化学气相沉积	chemical vapor deposition, CVD	
04.299	淋粒反应器	raining solid reactor	
04.300	回转窑	rotary kiln	

05. 过程系统工程

序 码	汉 文 名	英 文 名	注 释

05.1 一 般 术 语

序 码	汉 文 名	英 文 名	注 释
05.001	大系统	large scale system	
05.002	子系统	subsystem	
05.003	灰色系统	gray system	
05.004	过程分析	process analysis	
05.005	模块	module	
05.006	确定性模型	deterministic model	
05.007	随机模型	stochastic model	
05.008	时间序列模型	time series model	
05.009	黑箱模型	black-box model	
05.010	模糊模型	fuzzy model	
05.011	突变模型	catastrophic model	
05.012	参数估值	parameter estimation	
05.013	算法	algorithm	

序码	汉文名	英文名	注释
05.014	状态变量	state variable	
05.015	设计变量	design variable	
05.016	人工智能	artificial intelligence, AI	
05.017	知识工程	knowledge engineering	
05.018	专家系统	expert system, ES	
05.019	推理机	inference engine	
05.020	知识库	knowledge base	
05.021	[人工]神经网络	[artificial] neural network, ANN	
05.022	输入层	input layer	
05.023	输出层	output layer	
05.024	神经元	neuron	
05.025	隐含层	hidden layer	
05.026	神经网络训练	neural network training	
05.027	反向传播算法	back-propagation algorithm	
05.028	可调节权	adjustable weight	
05.029	并行处理	parallel processing	
05.030	控制变量	control variable	
05.031	决策变量	decision variable	
05.032	虚拟变量	pseudo-variable	
05.033	松弛变量	slack variable	

05.2 模　　拟

序码	汉文名	英文名	注释
05.034	过程模拟	process simulation	
05.035	定态模拟	steady-state simulation	曾用名“稳态模拟”。
05.036	动态模拟	dynamic simulation	
05.037	框图	block diagram	又称“方块图”。
05.038	节点	node	
05.039	边	edge	
05.040	单元计算	unit computation	
05.041	流股	stream	
05.042	分流器	splitter	
05.043	混流器	mixer	
05.044	流程模拟	flowsheeting	
05.045	序贯模块法	sequential modular approach	
05.046	联立方程法	equation-solving approach, equation-oriented approach	
05.047	双层法	two tier approach	又称“联立模块法”。

序码	汉文名	英文名	注释
05.048	信号流图	signal flow diagram	
05.049	信息流图	information flow diagram	
05.050	环路	loop	又称“回路”。
05.051	分解	decomposition	
05.052	分隔	partitioning	
05.053	断开	tearing	
05.054	关联矩阵	incidence matrix	
05.055	相邻矩阵	adjacency matrix	
05.056	事件矩阵	occurrence matrix	
05.057	可及矩阵	reachability matrix	
05.058	路径追踪	path tracing	
05.059	排序	precedence ordering	
05.060	输出集	output set	
05.061	近似法	approximate method	
05.062	简捷法	shortcut method	
05.063	严格法	rigorous method	
05.064	分析型	analysis mode	
05.065	设计型	design mode	
05.066	MESH 方程组	equations of material balance/ equilibrium/fraction summation/ enthalpy balance, MESH equations	
05.067	逐级计算法	stage-by-stage method	
05.068	松弛法	relaxation method	又称“弛豫法”。
05.069	流率加和法	sum-rates method	又称“SR 法”。
05.070	同时校正法	simultaneous correction method	又称“SC 法”。
05.071	牛顿－拉弗森法	Newton-Raphson method	
05.072	雅可比矩阵	Jacobian matrix	
05.073	三对角矩阵	tridiagonal matrix	
05.074	高斯消元法	Gaussian elimination	
05.075	追赶法	chasing method	
05.076	块三对角矩阵	block tridiagonal matrix	
05.077	非平衡级模型	non-equilibrium stage model	
05.078	隐式法	implicit method	
05.079	显式法	explicit method	
05.080	蒙特卡罗模拟	Monte Carlo simulation	

序　码	汉　文　名	英　文　名	注　　释
05.081	影式模型	cinematic model	关于逆流系统动态问题的新数值解法。
05.082	容差	tolerance	
05.083	收敛判据	convergence criterion	
05.084	加速收敛	convergence acceleration	
05.085	直接代入法	direct substitution	
05.086	割线法	secant method	
05.087	牛顿收敛法	Newton method for convergence	
05.088	韦格斯坦法	Wegstein method	
05.089	布罗伊登法	Broyden method	
05.090	模式识别	pattern recognition	
05.091	样条函数	spline function	
05.092	密集矩阵	dense matrix	
05.093	稀疏矩阵	sparse matrix	
05.094	刚性方程	stiff equation	
05.095	冗余方程	redundant equation	
05.096	瓶颈	bottle neck	
05.097	程序框图	block flow diagram	
05.098	缺省值	default value	
05.099	检错	debug	
05.100	模拟器	simulator	

05.3　综　　合

序　码	汉　文　名	英　文　名	注　　释
05.101	过程综合	process synthesis	又称“过程合成”。
05.102	流程综合	flowsheet synthesis	
05.103	集成	integration	又称“整合”。
05.104	过程集成	process integration	
05.105	能量集成	energy integration	
05.106	热集成	heat integration	
05.107	计算机辅助过程设计	computer aided process design, CAPD	
05.108	计算机辅助工程	computer aided engineering, CAE	
05.109	弹性	resilience	
05.110	柔性	flexibility	又称“适应性”。
05.111	换热器网络	heat exchanger network	
05.112	热容流率	heat-capacity flow rate	质量流率与比热之积。

序码	汉文名	英文名	注释
05.113	流股匹配	matching of streams	
05.114	夹点技术	pinch technology	
05.115	夹点	pinch point	推动力最小点。
05.116	分离序列	separation sequence	
05.117	分离锐度	separation sharpness	
05.118	分流分率	split fraction	
05.119	反应器网络	reactor network	
05.120	管路网络	pipeline network	
05.121	枚举法	enumeration algorithm	
05.122	直观推断法	heuristic method	又称"启发式方法"。
05.123	直观推断法则	heuristic rule	又称"启发式法则"。
05.124	调优法	evolutionary method	
05.125	算法合成技术	algorithmic synthesis technique	
05.126	偶图	bipartite graph	
05.127	分支定界法	branch and bound method	
05.128	超结构	superstructure	最优网络的搜索空间。

05.4 优　化

序码	汉文名	英文名	注释
05.129	优化	optimization	又称"最优化"。
05.130	线性规划	linear programming, LP	
05.131	非线性规划	nonlinear programming	
05.132	动态规划	dynamic programming	
05.133	整数规划	integer programming, IP	
05.134	逐次二次规划	successive quadratic programming, SQP	
05.135	混合整数非线性规划	mixed integer nonlinear programming, MINLP	
05.136	多目标规划	multi-objective programming	
05.137	过程优化	process optimization	
05.138	目标函数	objective function	
05.139	约束[条件]	constraint	
05.140	等式约束	equality constraint	
05.141	不等式约束	inequality constraint	
05.142	数式化	formulation	
05.143	约束优化	constrained optimization	
05.144	无约束优化	unconstrained optimization	

序　码	汉　文　名	英　文　名	注　　释
05.145	多层次优化法	multilevel method of optimization	
05.146	单纯形法	simplex method	
05.147	对偶[性]	duality	
05.148	隐枚举法	implicit enumeration method	
05.149	拟线性化	quasilinearization	
05.150	直接搜索法	direct search method	
05.151	模式搜索	pattern search	
05.152	复合形法	complex method	
05.153	随机搜索	random search	
05.154	黄金分割法	golden section method	
05.155	斐波那契搜索法	Fibonacci search method	
05.156	梯度法	gradient method	
05.157	通用简约梯度法	general reduced gradient method, GRG method	
05.158	可行路径法	feasible path method	
05.159	不可行路径法	infeasible path method	
05.160	罚函数	penalty function	
05.161	闸函数	barrier function	
05.162	可行域	feasible region	
05.163	逐次逼近	successive approximation	
05.164	模拟重结晶法	simulated annealing	类比重结晶过程，以蒙特卡罗法为基础的多变量优化技术。
05.165	灵敏度分析	sensitivity analysis	
05.166	总体最优[值]	global optimum	
05.167	局部最优[值]	local optimum	
05.168	决策	decision making	
05.169	风险型决策	decision making under risk	
05.170	不确定型决策	decision making under uncertainty	
05.171	决策树	decision tree	
05.172	大中取大判据	maximax criterion	
05.173	小中取大效用判据	maximin-utility criterion	
05.174	大中取小遗憾判据	minimax-regret criterion	
05.175	期望值判据	expected value criterion	
05.176	投入产出	input-output	

序码	汉文名	英文名	注释
05.177	生产排序	scheduling of production	
05.178	关键路径法	critical path method, CPM	
05.179	项目评审技术	project evaluation and review technique, PERT	
05.180	同伦拓展法	homotopic continuation method	
05.181	有限差分法	method of finite difference	
05.182	有限元法	finite element method	
05.183	正交配置	orthogonal collocation	

05.5 控　　制

序码	汉文名	英文名	注释
05.184	过程动态[学]	process dynamics	
05.185	传递函数	transfer function	
05.186	过程辨识	process identification	
05.187	可观测性	observability	
05.188	可控性	controllability	
05.189	鲁棒性	robustness	
05.190	在线	on-line	
05.191	离线	off-line	
05.192	开环	open loop	
05.193	闭环	closed loop	
05.194	反馈控制	feedback control	
05.195	前馈控制	feedforward control	
05.196	通断控制	on-off control	
05.197	比例度	proportional band	
05.198	串级控制	cascade control	
05.199	递阶控制	hierarchical control	
05.200	分解-协调法	decomposition-coordination method	
05.201	自适应控制	adaptive control	
05.202	选择性控制	selective control	
05.203	采样控制系统	sampled data control system	
05.204	随机控制	stochastic control	
05.205	预估控制	predictive control	
05.206	推理控制	inferential control	
05.207	集散控制系统	distributed control system, DCS	
05.208	鲁棒过程控制	robust process control	
05.209	控制线路	control scheme	

序码	汉文名	英文名	注释
05.210	控制器匹配	controller adaptation	
05.211	故障诊断	fault diagnosis, failure diagnosis	

05.6 操　　作

序码	汉文名	英文名	注释
05.212	调优操作	evolutionary operation, EVOP	
05.213	操作变量	operational variable	
05.214	变体	variant	
05.215	析因设计	factorial design	
05.216	参比条件	reference condition	
05.217	工作单	worksheet	
05.218	信息板	information board	
05.219	序列关联	serial correlation	
05.220	显著性序贯检验	sequential significance test	
05.221	零假设	null hypothesis	
05.222	备择假设	alternative hypothesis	
05.223	耶特算法	Yate's algorithm	
05.224	预估值	prior estimate	
05.225	噪声水平	noise level	
05.226	可靠性	reliability	
05.227	直方图	histogram	
05.228	有向图	digraph	
05.229	故障形式和影响分析	failure mode and effect analysis	
05.230	危险指数	hazard index	

05.7 评　　价

序码	汉文名	英文名	注释
05.231	过程评价	process evaluation	
05.232	成本关联式	cost correlation	
05.233	成本指数	cost index	
05.234	现金流通图	cash-flow diagram	
05.235	货币的时间价值	time value of money	
05.236	现值	present value	
05.237	净现值	net present value, NPV	
05.238	将来值	future value	
05.239	风险利润	venture profit	
05.240	投资回收期	payback period	
05.241	投资收益率	rate of return on investment, ROI	

序　码	汉　文　名	英　文　名	注　　释
05.242	最低容许收益率	minimum acceptable rate of return, MARR	
05.243	内部收益率	internal rate of return, IRR	又称“折现收益率(discounted cash flow rate of return)”。
05.244	经济寿命	economic life	

06. 生物化学工程

序　码	汉　文　名	英　文　名	注　　释
	06.1　一般术语		
06.001	生物技术	biotechnology	
06.002	生物过程	bioprocess	
06.003	生物工程	bioengineering	
06.004	蛋白质工程	protein engineering	
06.005	等离点	isoionic point	
06.006	等电点	isoelectric point	
06.007	氨基酸	amino acid	
06.008	核酸	nucleic acid	
06.009	核苷酸	nucleotide	
06.010	核糖	ribose	
06.011	核糖核酸	ribonucleic acid, RNA	简称“RNA”。
06.012	脱氧核糖核酸	deoxyribonucleic acid, DNA	简称“DNA”。
06.013	核苷	nucleoside	
06.014	糖类	saccharide	
06.015	寡糖	oligosaccharide	又称“低聚糖”。
06.016	多糖	polysaccharide	
06.017	脂质	lipid	
06.018	肽	peptide	
06.019	酶	enzyme	
06.020	淀粉酶	amylase	
06.021	纤维素酶	cellulase	
06.022	多功能酶	multifunctional enzyme	
06.023	溶菌酶	lysozyme	
06.024	蛋白酶	protease	

序　码	汉　文　名	英　文　名	注　　释
06.025	游离酶	free enzyme	
06.026	胞外酶	extracellular enzyme	
06.027	胞内酶	intracellular enzyme	
06.028	辅酶	coenzyme	
06.029	辅因子	cofactor	
06.030	微生物	microorganism	
06.031	菌株	strain	
06.032	细菌	bacteria	
06.033	霉菌	mold, mould	
06.034	酵母	yeast	
06.035	放线菌	actinomycete	
06.036	低温菌	psychrophile	
06.037	中温菌	mesophile	
06.038	病毒	virus	
06.039	噬菌体	phage	
06.040	藻类	algae	
06.041	好氧细菌	aerobic bacteria	又称"好气细菌"。
06.042	厌氧细菌	anaerobic bacteria	又称"厌气细菌"。
06.043	固氮菌	azotobacteria	
06.044	大肠杆菌	*Escherichia coli*	
06.045	枯草杆菌	*Bacillus subtilis*	
06.046	酿酒酵母	*Saccharomyces cerevisiae*	
06.047	同化	assimilation	
06.048	异化	dissimilation	
06.049	孢子	spore	
06.050	体内	*in vivo*	
06.051	体外	*in vitro*	
06.052	细胞融合	cell fusion	
06.053	组织	tissue	
06.054	重组	recombination	
06.055	重组 DNA	recombinant DNA	
06.056	杂交	hybridization	
06.057	杂交瘤	hybridoma, hybrid tumor	
06.058	基因	gene	
06.059	基因工程	genetic engineering	又称"遗传工程"。
06.060	基因工程细胞	genetically engineered cell	
06.061	克隆	clone	

序　码	汉　文　名	英　文　名	注　　释
06.062	摄取	uptake	
06.063	生物传感器	biosensor	
06.064	酶电极	enzyme electrode	
06.065	溶氧探头	dissolved oxygen probe	
06.066	生物可利用率	bioavailability	
06.067	生物测定	bioassay	
06.068	酶法分析	enzymatic analysis	
06.069	酶免疫分析法	enzyme immunoassay	
06.070	酶联免疫吸附测定	enzyme-linked immunosorbent assay, ELISA	
06.071	染料摄入法	dye uptake method	
06.072	可再生资源	renewable resources	
06.073	酶法水解	enzymatic hydrolysis	
06.074	糖化作用	saccharification	
06.075	淀粉水解	amylolysis	
06.076	起子培养	starter culture	
06.077	乳酸菌	lactic acid bacteria	
06.078	抗生素	antibiotics	又称“抗菌素”。
06.079	生物大分子	biomacromolecule	
06.080	生物聚合物	biopolymer	
06.081	生物制剂	biological agent	
06.082	生物功能试剂	biofunctional reagent	
06.083	活性干酵母	active dry yeast	
06.084	琼脂糖	agarose	
06.085	葡聚糖	glucan, dextran	
06.086	琼脂糖胶	agarose gel	
06.087	激素	hormone	
06.088	疫苗	vaccine	
06.089	生长因子	growth factor	
06.090	单克隆抗体	monoclonal antibody	
06.091	抗体	antibody	
06.092	抗原	antigen	
06.093	胶原	collagen	
06.094	人血清清蛋白	human serum albumin, HSA	
06.095	干扰素	interferon	
06.096	胰岛素	insulin	
06.097	单细胞蛋白	single cell protein, SCP	

序码	汉文名	英文名	注释
06.098	活性污泥	activated sludge	
06.099	驯化	acclimation	
06.100	驯化污泥	acclimation sludge	
06.101	曝气	aeration	
06.102	延时曝气	extended aeration	
06.103	固氮[作用]	nitrogen fixation, azotification	
06.104	生物腐蚀	biodeterioration	
06.105	生物絮凝过程	bioflocculation process	
06.106	生物电池	biocell	

06.2 生化反应工程

06.2.1 酶催化反应

序码	汉文名	英文名	注释
06.107	生物催化反应	biocatalytic reaction	
06.108	生物催化剂	biocatalyst	
06.109	生物转化	biotransformation, bioconversion	
06.110	酶催化	enzyme catalysis	
06.111	生物氧化	biological oxidation	
06.112	酶促电催化	enzymatic electrocatalysis	
06.113	酶膜	enzyme membrane	
06.114	酶活力	enzyme activity	
06.115	比活[力]	specific activity	
06.116	酶专一性	enzyme specificity	
06.117	酶选择性	enzyme selectivity	
06.118	酶半衰期	half life of enzyme	
06.119	底物	substrate	又称“基质”。
06.120	酶-底物复合物	enzyme-substrate complex	
06.121	酶反应动力学	enzymatic reaction kinetics	
06.122	米氏动力学	Michaelis-Menton kinetics	
06.123	米氏方程	Michaelis-Menton equation	
06.124	米氏常数	Michaelis-Menton constant	
06.125	锁钥学说	lock-and-key theory	
06.126	[酶]诱导契合学说	induced-fit theory	
06.127	酶失活	enzyme deactivation	
06.128	底物抑制	substrate inhibition	
06.129	产物抑制	product inhibition	

序码	汉文名	英文名	注释
06.130	固定化技术	immobilization technology	又称"固相化技术"。
06.131	固定化酶	immobilized enzyme	
06.132	包埋	entrapment	
06.133	截留	retention	又称"保留"。
06.134	微胶囊	microcapsule	
06.135	膜囊	membrane vesicle	
06.136	胶囊化	encapsulation	
06.137	微载体	microcarrier	
06.138	胶体包埋	gel entrapment	
06.139	细胞负载	cell loading	
06.140	生物特异性连接	biospecifically binding	

06.2.2 细胞生长与代谢

序码	汉文名	英文名	注释
06.141	生长动力学	growth kinetics	又称"增殖动力学"。
06.142	生长速率	growth rate	
06.143	比生长速率	specific growth rate	
06.144	莫诺生长动力学	Monod growth kinetics	
06.145	静止期	stationary phase	又称"稳定期"。
06.146	对数生长期	logarithmic phase	
06.147	死亡期	death phase	
06.148	细胞周期	cell cycle	
06.149	比死亡速率	specific death rate	
06.150	传代时间	generation time	
06.151	倍增时间	doubling time	
06.152	生物质	biomass	
06.153	生物量	biomass	
06.154	培养	culture, cultivation	
06.155	培养基	culture medium	
06.156	细胞培养	cell culture	
06.157	细胞悬浮培养	cell suspension culture	
06.158	分批培养	batch culture	
06.159	连续培养	continuous culture	
06.160	流加培养	fed batch culture	
06.161	半连续培养	semi-continuous culture	
06.162	灌注培养	perfusion culture	
06.163	高密度培养	high-density culture	
06.164	富集培养	enrichment culture	

序　码	汉　文　名	英　文　名	注　　释
06.165	渗析培养	dialysis culture	又称“透析培养”。
06.166	摇瓶培养	shake-flask culture	
06.167	无血清培养	serum-free culture	
06.168	好氧培养	aerobic culture	
06.169	厌氧培养	anaerobic culture	
06.170	发酵	fermentation	
06.171	深层发酵	deep submerged fermentation	
06.172	固态发酵	solid state fermentation	
06.173	杂菌感染	microbial contamination	
06.174	无菌操作	aseptic technique, sterile operation	
06.175	干热灭菌	dry heat sterilization	
06.176	加压灭菌器	autoclave	
06.177	接种	inoculation	
06.178	细胞密度	cell density	
06.179	细胞收集	cell harvesting	
06.180	悬浮细胞	suspension cell	
06.181	贴壁细胞	anchorage-dependent cell	又称“锚地依赖细胞”。
06.182	底物维持常数	substrate maintenance constant	
06.183	比维持速率	specific maintenance rate	
06.184	比消耗速率	specific consumption rate	
06.185	生长收率系数	growth yield coefficient	又称“增殖收率系数”。
06.186	底物收率系数	substrate yield coefficient	
06.187	氧收率系数	oxygen yield coefficient	
06.188	代谢	metabolism	
06.189	代谢物	metabolite	
06.190	糖酵解途径	glycolytic pathway	简称“E－M途径(Embden-Meyerhof pathway)”。
06.191	磷酸已糖旁路途径	hexose phosphate shunt pathway	
06.192	三羧酸循环	tricarboxylic acid cycle	
06.193	代谢速率	metabolic rate	
06.194	次级代谢	secondary metabolism	又称“二级代谢”。
06.195	代谢控制	metabolic control	
06.196	呼吸链	respiratory chain	

序码	汉文名	英文名	注释
06.197	光呼吸	photorespiration	
06.198	生化需氧量	biochemical oxygen demand, BOD	
06.199	化学需氧量	chemical oxygen demand, COD	
06.200	生长收率	growth yield	
06.201	供氧	oxygen supply	
06.202	氧传递	oxygen transfer	
06.203	耗氧速率	oxygen consumption rate	
06.204	传氧系数	oxygen transfer coefficient	
06.205	容积传氧系数	volumetric oxygen transfer coefficient	又称"体积传氧系数"。
06.206	传氧速率	oxygen transfer rate	
06.207	摄氧速率	oxygen uptake rate	

06.2.3 生化反应器

序码	汉文名	英文名	注释
06.208	生物反应器	bioreactor	
06.209	固定化酶反应器	immobilized enzyme reactor	
06.210	固定化细胞反应器	immobilized cell reactor	
06.211	恒化器	chemostat	
06.212	发酵罐	fermenter	
06.213	膜生物反应器	membrane bioreactor	

06.3 生化分离工程

序码	汉文名	英文名	注释
06.214	下游处理	downstream processing	俗称"后处理"。
06.215	下游过程	downstream process	
06.216	生化分离	biochemical separation	
06.217	生物分离	bioseparation	
06.218	自溶	autolysis	
06.219	蛋白质分级	protein fractionation	
06.220	手性分离	chiral separation	
06.221	等电点分离	isoelectric separation	
06.222	细胞分离	cell separation	
06.223	细胞破碎	cell disruption	
06.224	细胞溶解	cell lysis, cytolysis	
06.225	细胞碎片	cell debris	
06.226	精制	polishing	
06.227	细胞抽提物	cell extract	

序　码	汉　文　名	英　文　名	注　　释
06.228	浸提物	educt	
06.229	上清液	supernatant	
06.230	细胞匀浆	cell homogenate	
06.231	高压匀浆器	high-pressure homogenizer	
06.232	融化	thawing	
06.233	低温沉淀	cryoprecipitation	
06.234	等电沉淀	isoelectric precipitation	
06.235	亲和沉淀	affinity precipitation	
06.236	絮凝反应	flocculation reaction	
06.237	絮凝物	flocculate	
06.238	解絮凝	deflocculation	又称"反絮凝"。
06.239	抗凝剂	anticoagulant agent	
06.240	抗凝效应	anticoagulant effect	
06.241	离心澄清	centrifugal clarification	
06.242	离心纯化	centrifugal purification	
06.243	差速离心	differential centrifugation	
06.244	超速离心	ultracentrifugation	
06.245	密度梯度离心	density gradient centrifugation	
06.246	凝胶过滤	gel filtration	
06.247	琼脂过滤	agar filtration	
06.248	生物滤器	biological filter	
06.249	过滤除菌	filtration sterilization	
06.250	除菌滤器	sterilization filter	
06.251	超滤液	ultrafiltrate	
06.252	滤膜	filtration membrane	
06.253	亲和膜	affinity membrane	
06.254	亲和超滤	affinity ultrafiltration	
06.255	荷电膜	charged membrane	
06.256	支撑液膜	immobilized liquid membrane, supported liquid membrane	
06.257	乳化液膜	emulsion liquid membrane	
06.258	半透膜	semipermeable membrane	
06.259	微孔过滤器	microporous filter	
06.260	浓缩酶制剂	concentrated enzyme preparation	
06.261	渗析器	dialyzer, dialyzator	又称"透析器"。
06.262	渗析液	dialyzate	又称"透析液"。
06.263	电渗	electroosmosis	

序　码	汉 文 名	英 文 名	注　　释
06.264	亲和吸附	affinity adsorption	
06.265	非亲和吸附	non-affinity adsorption	
06.266	免疫吸附	immunoadsorption	
06.267	反胶团萃取	reverse micelle extraction	
06.268	反凝胶萃取	antigelation extraction	
06.269	双水相系统	aqueous two-phase system	又称“双水相体系”。
06.270	双水相萃取	aqueous two-phase extraction	
06.271	顶相	top phase	又称“上相”。
06.272	底相	bottom phase	又称“下相”。
06.273	等电聚焦	isoelectric focusing	
06.274	色谱聚焦	chromatofocusing	
06.275	电泳	electrophoresis	
06.276	色谱电泳	chromatoelectrophoresis	
06.277	琼脂电泳	agar electrophoresis	
06.278	免疫电泳	immune electrophoresis	
06.279	凝胶免疫电泳	gel immunoelectrophoresis	
06.280	琼脂扩散	agar diffusion	
06.281	琼脂扩散技术	agar diffusion technology	
06.282	疏水色谱[法]	hydrophobic chromatography	
06.283	凝胶色谱[法]	gel chromatography	
06.284	亲和色谱[法]	affinity chromatography	
06.285	染料亲和色谱[法]	dye affinity chromatography	
06.286	凝胶过滤色谱[法]	gel filtration chromatography	
06.287	亲和标记	affinity labeling	
06.288	亲和作用	affinity interaction	
06.289	配体	ligand	又称“配基”。
06.290	电亲和性	electroaffinity	
06.291	电毛细管现象	electrocapillarity	
06.292	电色谱	electrochromatography	

07. 数据处理

序码	汉文名	英文名	注释
07.001	测量	measurement	
07.002	测定	determination	
07.003	校准	calibration	
07.004	校正	correction	
07.005	关联	correlation	又称“关联式”。
07.006	归一化	normalization	
07.007	预测	prediction	
07.008	估值	estimation	又称“估算”。
07.009	随机抽样	random sampling	
07.010	置信水平	confidence level	
07.011	置信限	confidence limit	
07.012	平均误差	average error, mean error	
07.013	标准误差	standard error	
07.014	均方根误差	root-mean-square error	
07.015	随机误差	random error	
07.016	过失误差	gross error	相当于系统误差及不符合随机分布的大误差。
07.017	过失误差检出	gross error identification	
07.018	残差	residual error	
07.019	误差传递	propagation of error	
07.020	误差平方和	sum of the squares of errors	
07.021	偏差	deviation	
07.022	准确度	accuracy	
07.023	精[密]度	precision	
07.024	不确定性	uncertainty	
07.025	方差	variance	
07.026	协方差	covariance	
07.027	分辨率	resolution	
07.028	收敛	convergence	
07.029	发散	divergence	
07.030	权[重]	weight	
07.031	加权平均	weighted mean	

序　码	汉　文　名	英　文　名	注　　释
07.032	随机过程	stochastic process, random process	
07.033	经验式	empirical formula	
07.034	数值分析	numerical analysis	
07.035	最小二乘法	least square method	
07.036	图解法	graphical method	
07.037	迭代法	iterative method	
07.038	勒让德变换	Legendre transformation	
07.039	最大似然原理	maximum likelihood principle	
07.040	最概然分布	most probable distribution	曾用名“最可几分布”。
07.041	模型参数	model parameter	
07.042	可调参数	adjustable parameter	
07.043	边界条件	boundary condition	
07.044	初始条件	initial condition	
07.045	内插	interpolation	
07.046	外推	extrapolation	
07.047	数据拟合	data fitting	
07.048	回归分析	regression analysis	
07.049	关联因子	correlation factor	
07.050	序贯设计	sequential design	
07.051	析因实验	factorial experiment	
07.052	数据处理	data processing	
07.053	数据库	database, databank	
07.054	数据检索	data retrieval	
07.055	数据调谐	data reconciliation	又称“数据校正”。
07.056	数据筛选	data screening	
07.057	定标	scaling	又称“比例换算”。
07.058	残差分析	residual analysis	
07.059	矩	moment	
07.060	卷积	convolution	
07.061	狄拉克函数	Dirac function	
07.062	参数推算	coaptation	根据已测数据推算未测变量。
07.063	冗余[度]	redundancy	
07.064	置信域	confidence region	

英 汉 索 引

A

abrasion 磨损 04.281
absolute entropy 绝对熵 02.328
absorption 吸收 03.402
absorption factor 吸收因子 03.415
absorption isotherm 吸收等温线 03.405
absorption rate 吸收速率 03.406
absorption refrigeration 吸收制冷 02.105
absorptivity 吸收率 03.252
acclimation 驯化 06.099
acclimation sludge 驯化污泥 06.100
accuracy 准确度 07.022
acentric factor 偏心因子 02.250
actinomycete 放线菌 06.035
activated sludge 活性污泥 06.098
activation energy 活化能 04.058
active center 活性中心 04.098
active dry yeast 活性干酵母 06.083
active site 活性部位 04.097
activity 活度 02.221, 活性 04.096
activity coefficient 活度系数 02.222
activity correction factor 活性校正因子 04.101
activity distribution 活性分布 04.100
actual plate 实际[塔]板 03.377
adaptive control 自适应控制 05.201
adhesion work 粘附功 02.342
adiabatic process 绝热过程 02.028
adiabatic saturation temperature 绝热饱和温度 03.043
adiabatic temperature rise 绝热温升 04.220
adjacency matrix 相邻矩阵 05.055
adjustable parameter 可调参数 07.042
adjustable weight 可调节权 05.028
adsorbate 吸附质 03.544
adsorbent 吸附剂 03.543
adsorber 吸附器 03.564
adsorption 吸附 03.542
adsorption capacity 吸附容量 03.547
adsorption control 吸附控制 04.125
adsorption equilibrium 吸附平衡 03.548
adsorption isotherm 吸附等温线 03.549
adsorption potential 吸附势 03.550
adsorption rate 吸附速率 03.554
aeration 充气 03.825, 曝气 06.101
aerobic bacteria 好氧细菌, * 好气细菌 06.041
aerobic culture 好氧培养 06.168
aerodynamic diameter 空气动力直径 03.627
aerosol 气溶胶 03.672
affinity 亲和势 02.223
affinity adsorption 亲和吸附 06.264
affinity chromatography 亲和色谱[法] 06.284
affinity interaction 亲和作用 06.288
affinity labeling 亲和标记 06.287
affinity membrane 亲和膜 06.253
affinity precipitation 亲和沉淀 06.235
affinity ultrafiltration 亲和超滤 06.254
agar diffusion 琼脂扩散 06.280
agar diffusion technology 琼脂扩散技术 06.281
agar electrophoresis 琼脂电泳 06.277
agar filtration 琼脂过滤 06.247
agarose 琼脂糖 06.084
agarose gel 琼脂糖胶 06.086
age distribution 年龄分布 04.178
agglomerate 团块 03.769
agglomeration 团聚 03.768
aggregative fluidization 聚式流态化 03.662
aging 陈化 04.112, 老化 04.113
agitated vessel 搅拌槽 03.192
agitation 搅拌 03.183
agitator 搅拌器 03.184
AI 人工智能 05.016
air-cooled heat exchanger 空气冷却器, * 空冷器 03.294

air cooler 空气冷却器，＊空冷器 03.294
air-lift 气升 03.160
air slide 空气溜槽 03.833
algae 藻类 06.040
algorithm 算法 05.013
algorithmic synthesis technique 算法合成技术 05.125
alternative hypothesis 备择假设 05.222
Amagat law 阿马加定律 02.118
amino acid 氨基酸 06.007
amylase 淀粉酶 06.020
amylolysis 淀粉水解 06.075
anaerobic bacteria 厌氧细菌，＊厌气细菌 06.042
anaerobic culture 厌氧培养 06.169
analogy 类比 03.021
analysis mode 分析型 05.064
analytical solution of group contribution method ASOG法 02.191
anchorage-dependent cell 贴壁细胞，＊锚地依赖细胞 06.181
anchor agitator 锚式搅拌器 03.202
anemometer 风速计 03.138
anergy 炕，＊无效能 02.084
angle factor 角系数 03.261
angle of difference 差角 03.648
angle of fall 落角 03.647
angle of inclination 倾角 03.649
angle of internal friction 内摩擦角 03.644
angle of release 释放角，＊开角 03.651
angle of repose 休止角 03.643
angle of slide 滑动角 03.646
angle of spatula 刮铲角 03.650
angle of wall friction 壁摩擦角 03.645
anion exchanger 阴离子交换剂 03.577
anisotropic membrane ＊各向异性膜 03.602
anisotropy 各向异性 04.153
ANN [人工]神经网络 05.021
annular flow 环状流 03.117
antibiotics 抗生素，＊抗菌素 06.078
antibody 抗体 06.091
anticoagulant agent 抗凝剂 06.239
anticoagulant effect 抗凝效应 06.240
antigelation extraction 反凝胶萃取 06.268
antigen 抗原 06.092
Antoine equation 安托万方程，＊安托因方程 02.127
apparent activation energy 表观活化能 04.059
apparent composition 表观组成 02.237
apparent density 视密度，＊表观密度 03.634
apparent viscosity 表观粘度 03.069
approximate method 近似法 05.061
aqueous two-phase extraction 双水相萃取 06.270
aqueous two-phase system 双水相系统，＊双水相体系 06.269
arithmetic mean temperature difference 算术平均温差 03.241
Arrhenius equation 阿伦尼乌斯方程 04.078
artificial intelligence 人工智能 05.016
[artificial] neural network [人工]神经网络 05.021
aseptic technique 无菌操作 06.174
aspect ratio 长宽比 03.639，高径比 04.209
assembly of independent particles 独立粒子系集 02.308
assembly of interacting particles 非独立粒子系集 02.309
assembly of localized particles 定域粒子系集 02.305
assembly of non-localized particles 非定域粒子系集 02.310
assessment 评估 01.063
assimilation 同化 06.047
associated solution model 缔合溶液模型 02.194
asymmetric membrane 非对称膜 03.602
athermal solution 无热溶液 02.151
atomization 雾化 03.690
attrition 磨损 04.281
autoclave 加压釜，＊高压釜 04.297，加压灭菌器 06.176
autogenous mill 自磨机 03.800
autolysis 自溶 06.218
autothermal reaction 自热反应 04.015
availability 㶲，＊有效能，＊可用能 02.083
availability analysis 㶲分析，＊有效能分析 02.096
average error 平均误差 07.012

axial flow pump 轴流泵 03.144
azeotrope 共沸物，* 恒沸物 02.209
azeotropic distillation 共沸蒸馏，* 恒沸蒸馏 03.396
azotification 固氮[作用] 06.103
azotobacteria 固氮菌 06.043

B

Bacillus subtilis 枯草杆菌 06.045
backflushing 反洗 03.748
backmixing 返混 04.162
back-propagation algorithm 反向传播算法 05.027
backward feed 逆向进料 03.322
bacteria 细菌 06.032
baffle 挡板，* 折流板 03.280
bag filter 袋滤器 03.702
balling 成球 03.823
ball mill 球磨机 03.795
Banbury mixer 密炼机 03.219
barometric condenser 大气冷凝器 03.325
barometric leg 大气腿 03.326
barrier function 闸函数 05.161
basket type evaporator 悬筐蒸发器 03.311
batch culture 分批培养 06.158
batch distillation 间歇蒸馏，* 分批蒸馏 03.373
batch extractor 间歇浸取器，* 分批浸取器 03.505
batch process 间歇过程，* 分批过程 01.023
bed-collapsing technique 床层塌落技术 04.283
belt dryer 带式干燥器 03.526
belt extractor 转带浸取器 03.508
bench scale test 台架试验，* 模型试验 01.052
Benedict-Webb-Rubin equation BWR 方程 02.138
Benson's solubility coefficient 本森系数 03.411
Berl saddle 弧鞍填料 03.431
Bernoulli equation 伯努利方程 03.078
BET equation BET 方程 03.556
bifurcation 分叉，* 分支 01.044
bin activator 料仓松动器 03.828
binary mixture 二元混合物，* 双组分混合物 03.389
binary system 二元系[统]，* 二组分系统 02.262
bin discharger 仓式卸料器 03.829
Bingham fluid * 宾厄姆流体 03.057
binodal solubility curve 双结点溶度曲线 02.284
bioassay 生物测定 06.067
bioavailability 生物可利用率 06.066
biocatalyst 生物催化剂 06.108
biocatalytic reaction 生物催化反应 06.107
biocell 生物电池 06.106
biochemical engineering 生化工程 01.006
biochemical oxygen demand 生化需氧量 06.198
biochemical separation 生化分离 06.216
biochemical thermodynamics 生化热力学 02.009
bioconversion 生物转化 06.109
biodeterioration 生物腐蚀 06.104
bioengineering 生物工程 06.003
bioflocculation process 生物絮凝过程 06.105
biofunctional reagent 生物功能试剂 06.082
bioleaching 生物浸取 03.512
biological agent 生物制剂 06.081
biological filter 生物滤器 06.248
biological oxidation 生物氧化 06.111
biomacromolecule 生物大分子 06.079
biomass 生物质 06.152，生物量 06.153
biopolymer 生物聚合物 06.080
bioprocess 生物过程 06.002
bioreactor 生物反应器 06.208
biosensor 生物传感器 06.063
bioseparation 生物分离 06.217
biospecifically binding 生物特异性连接 06.140
biotechnology 生物技术 06.001
Biot number 毕奥数 01.066
biotransformation 生物转化 06.109
bipartite graph 偶图 05.126
black body 黑体 03.257
black-box model 黑箱模型 05.009
blade agitator 板片搅拌器 03.201
block diagram 框图，* 方块图 05.037

block flow diagram 程序框图 05.097
block tridiagonal matrix 块三对角矩阵 05.076
blower 鼓风机 03.162
BOD 生化需氧量 06.198
Bodenstein number 博登施泰数 01.067
boiling point elevation 沸点升高 02.225
boiling point rise 沸点升高 02.225
Boltzmann distribution 玻耳兹曼分布 02.302
Borad ring 双层θ网环 03.435
Bose-Einstein distribution 玻色－爱因斯坦分布 02.226
bottle neck 瓶颈 05.096
bottom phase 底相，＊下相 06.272
boundary condition 边界条件 07.043
boundary layer 边界层 03.085
bound moisture 结合水分 03.519
Bourdon gauge 弹簧管压力计 03.132
bowl mill 碗形磨 03.803
branch and bound method 分支定界法 05.127
branched chain 支链 04.070
breakage 破裂 03.774
breakthrough curve 穿透曲线 03.551
breakthrough point 穿透点 03.552
briquetting 压块 03.822
brittle material 脆性物料 03.767
Brownian diffusion 布朗扩散 03.687
Broyden method 布罗伊登法 05.089
Brunauer-Emmett-Teller equation BET方程 03.556
bubble cap tray 泡罩板 03.460
bubble cloud 气泡云，＊气泡晕 04.266
bubble coalescence 气泡聚并 04.265
bubble column 鼓泡塔 03.484
bubble flow 气泡流 03.113
bubble point 泡点 03.041
bubbling 鼓泡 04.219
bubbling fluidization 鼓泡流态化 03.663
bubbling fluidized bed 鼓泡流化床 04.229
bucket-elevator extractor 提斗浸取器 03.506
buffer tank 缓冲罐 03.176
bulk aerator 整体通气器 03.213
bulk density 堆密度 03.635
bulk phase 本体相 02.336
bulk polymerization 本体聚合 04.029
burn-out 燃尽 04.077
BWR equation BWR方程 02.138
bypass 旁路，＊侧流 04.151
by-product 副产物 01.031

C

CAE 计算机辅助工程 05.108
caking 结块 03.349
calandria 排管 03.310
calandria type evaporator 中央循环管蒸发器，＊排管蒸发器 03.308
calibration 校准 07.003
canned-motor pump 屏蔽泵 03.147
Cannon ring 压延孔环 03.437
canonical ensemble 正则系综 02.317
canonical partition function 正则配分函数 02.318
capacity 扬量 03.157
CAPD 计算机辅助过程设计 05.107
capillary module 毛细管组件 03.612
Carnot cycle 卡诺循环 02.098
carrier 载体 04.106
cascade control 串级控制 05.198
cascade cycle 级联循环，＊串级循环 02.103
cascade reactor 级联反应器 04.207
cascade ring 阶梯环 03.430
cash-flow diagram 现金流通图 05.234
catalysis 催化 04.025
catalyst 催化剂 04.026
catastrophic model 突变模型 05.011
cation exchanger 阳离子交换剂 03.578
cavitation 汽蚀 03.158
CCOR equation 立方转子链方程 02.140
cell culture 细胞培养 06.156
cell cycle 细胞周期 06.148
cell debris 细胞碎片 06.225
cell density 细胞密度 06.178
cell disruption 细胞破碎 06.223

cell extract 细胞抽提物 06.227
cell fusion 细胞融合 06.052
cell harvesting 细胞收集 06.179
cell homogenate 细胞匀浆 06.230
cell loading 细胞负载 06.139
cell lysis 细胞溶解 06.224
cell model 胞腔模型 02.295
cell separation 细胞分离 06.222
cell suspension culture 细胞悬浮培养 06.157
cellulase 纤维素酶 06.021
centrifugal clarification 离心澄清 06.241
centrifugal compressor 离心压缩机 03.173
centrifugal dryer 离心干燥器 03.534
centrifugal extractor 离心萃取器 03.499
centrifugal filter 离心过滤机 03.764
centrifugal pump 离心泵 03.141
centrifugal purification 离心纯化 06.242
centrifugal separation 离心分离 03.680
centrifuge 离心机 03.761
chain initiation 链引发 04.066
chain propagation 链增长 04.067
chain reaction 链反应 04.065
chain termination 链终止 04.068
chain transfer 链转移 04.069
change-can mixer 搅浆机 03.215
channeling 沟流 03.451
Chao-Seader's method 赵[广绪]-西得方法 02.143
characteristic curve 特性曲线 03.154
characteristic length 特征长度 04.037
characteristic time 特征时间 04.038
charged membrane 荷电膜 06.255
chasing method 追赶法 05.075
check valve 止逆阀，* 单向阀 03.127
chemical absorption 化学吸收 03.404
chemical engineering 化学工程 01.001
chemical engineering science 化学工程学 01.002
chemical engineering thermodynamics 化工热力学 01.003
chemical equilibrium 化学平衡 02.204
chemical exergy 化学㶲 02.094
Chemical Industry and Engineering Society of China 中国化工学会 01.086
chemical oscillation 化学振荡 04.062
chemical oxygen demand 化学需氧量 06.199
chemical potential 化学势，* 化学位 02.158
chemical reaction engineering 化学反应工程 01.004
chemical vapor deposition 化学气相沉积 04.298
chemisorption 化学吸附 03.545
chemostat 恒化器 06.211
chiller 冷却器 03.290
chiral separation 手性分离 06.220
choking 噎塞 04.228
chromatoelectrophoresis 色谱电泳 06.276
chromatofocusing 色谱聚焦 06.274
CIESC 中国化工学会 01.086
cinematic model 影式模型 05.081
circularity 圆形度 03.642
circulating fluidized bed 循环流化床 04.235
circulating reactor 环流反应器 04.290
circulation 环流 04.150
circulation method 循环法 02.054
Clapeyron-Clausius equation 克拉珀龙-克劳修斯方程，* 克-克方程 02.064
clarification 澄清 03.715
clarifier 澄清器 03.716
clarifying filter 澄清过滤器 03.717
classical fluidization 经典流态化 03.659
classifier 分级器 03.820
Clausius inequality 克劳修斯不等式 02.065
climbing-film evaporator 升膜蒸发器 03.315
clone 克隆 06.061
closed boundary 闭式边界 04.168
closed circuit 闭路 03.786
closed loop 闭环 05.193
closed system 封闭系统 02.004
closed vessel 闭式容器 04.167
cluster of particle 颗粒簇 04.277
coalescence 聚并，* 凝并 04.186
coaptation 参数推算 07.062
coarse particle 粗颗粒 03.620
co-catalyst 助催化剂 04.027
co-current flow 并流，* 同向流 03.242
COD 化学需氧量 06.199
coefficient of performance 性能系数 02.102

coefficient of variation　变动系数　03.834
coenzyme　辅酶　06.028
coexistence equation　共存方程　02.177
coextraction　共萃取　03.492
cofactor　辅因子　06.029
cohesion work　内聚功　02.343
cohesive density　内聚能密度　02.316
coil　盘管，*蛇管　03.288
co-ion　共离子　03.574
coking　结焦，*结炭　04.120
cold-flow model experiment　冷模试验　01.051
collagen　胶原　06.093
collection efficiency　捕集效率　03.697
colligative property of solution　溶液的依数性　02.282
collision　碰撞　03.689
colloid mill　胶体磨　03.807
column internals　塔内件　03.443
column scrubber　洗涤塔　03.751
column washer　洗涤塔　03.751
combinatorial term　组合项　02.254
combining rule　组合规则　02.239
compact heat exchanger　紧凑型换热器　03.284
compartment dryer　厢式干燥器　03.524
compartment flow model　多室流动模型　04.182
competitive adsorption　竞争吸附　04.103
complete mixing　全混　04.148
complete mixing flow　全混流　04.149
complex method　复合形法　05.152
complex reaction　复杂反应　04.003
composite flow model　组合流动模型　04.181
composite membrane　复合膜　03.604
compound reactor　复合反应器　04.294
compressibility factor　压缩因子　02.120
compressible fluid　可压缩流体　03.052
compression refrigeration　压缩制冷　02.100
compression work　压缩功　02.045
compressor　压缩机　03.169
computer aided engineering　计算机辅助工程　05.108
computer aided process design　计算机辅助过程设计　05.107
concentrated enzyme preparation　浓缩酶制剂　06.260
concentration　浓缩　03.309
concentration diffusion　浓差扩散　03.746
concentration distribution　浓度分布　04.225
concentration profile　浓度[分布]剖面[图]　04.226
condensation　冷凝　03.262
condensed system　凝聚系统　02.211
condenser　冷凝器　03.291
condition for stability　稳定条件　02.031
conduction　传导　03.229
cone and screw mixer　螺旋锥形混合机　03.228
cone crusher　圆锥破碎机　03.791
confidence level　置信水平　07.010
confidence limit　置信限　07.011
confidence region　置信域　07.064
configurational partition function　位形配分函数，*构型配分函数　02.304
configurational property　位形性质，*构型性质　02.286
conjugate phase　共轭相　02.261
conjugate solution　共轭溶液　02.259
consecutive reaction　连串反应　04.005
consistency　稠度　03.754
consolute temperature　临界共溶温度　02.133
constant rate drying period　恒速干燥[阶]段　03.522
constrained optimization　约束优化　05.143
constraint　约束[条件]　05.139
contact angle　接触角　03.778
contact time　接触时间　04.024
continuity　连续性　03.079
continuous culture　连续培养　06.159
continuous distillation　连续蒸馏　03.372
continuous phase　连续相　02.214
continuous process　连续过程　01.021
continuous stirred tank reactor　连续搅拌[反应]釜　04.212
continuous thermodynamics　连续热力学　02.011
continuum　连续介质　03.051
controllability　可控性　05.188
controller adaptation　控制器匹配　05.210

control scheme 控制线路 05.209
control surface 控制表面 02.039
control variable 控制变量 05.030
control volume 控制体积 02.040
convection 对流 03.230
convection flow model 对流流动模型 04.183
convergence 收敛 07.028
convergence acceleration 加速收敛 05.084
convergence criterion 收敛判据 05.083
converging-diverging nozzle *缩扩喷嘴 03.129
conversion 转化率 04.017, 转化 04.016
convolution 卷积 07.060
cooler 冷却器 03.290
cooling crystallizer 冷却结晶器 03.352
COP 性能系数 02.102
correction 校正 07.004
correlation 关联, *关联式 07.005
correlation factor 关联因子 07.049
corrugated wire gauze packing 网波纹填料 03.439
cost correlation 成本关联式 05.232
cost index 成本指数 05.233
Coulter counter 库尔特粒度仪 03.654
countercurrent flow 逆流 03.243
countercurrent washing 逆流洗涤 03.747
counter ion 反荷离子 03.573
coupling 联管节 03.123
covariance 协方差 07.026
CPM 关键路径法 05.178
crack 裂缝 03.777
cracking core model 裂核模型 04.142
criterion 判据 01.048
criterion of equilibrium 平衡判据 02.203
critical constant 临界常数 02.128
critical exponent 临界指数 02.291
critical moisture content 临界湿含量 03.517
critical path method 关键路径法 05.178
critical point 临界点 02.129
critical pressure 临界压力 02.131
critical solution temperature 临界共溶温度 02.133
critical speed 临界转速 04.217
critical temperature 临界温度 02.130
critical volume 临界体积 02.132
cross-beam agitator 错臂搅拌器 03.199
cross coefficient *交叉系数 02.123
cross flow 错流 03.244
crush 破碎 03.773
crushing strength 破碎强度 03.784
cryoprecipitation 低温沉淀 06.233
crystal 晶体 03.336
crystal face 晶面 03.345
crystal growth 晶体生长 03.340
crystal habit 晶体习性 03.343
crystal habit modification 晶习改性 03.344
crystallization 结晶 03.327
crystallization rate 结晶速率 03.342
crystallizing evaporator 结晶蒸发器 03.354
crystal nucleus 晶核 03.333
crystal size 晶体粒度 03.346
CSTR 连续搅拌[反应]釜 04.212
cubic chain of rotator equation 立方转子链方程 02.140
cubic equation of state 立方型[状态]方程 02.121
cultivation 培养 06.154
culture 培养 06.154
culture medium 培养基 06.155
curved surface 弯曲表面 02.340
CVD 化学气相沉积 04.298
cyclic process 循环过程 02.022
cyclone 旋风分离器 03.701
cyclone scrubber 旋风洗涤器 03.420
cytolysis 细胞溶解 06.224

D

Dalton's law 道尔顿定律 03.363
Damköhler number 达姆科勒数 01.068
databank 数据库 07.053
database 数据库 07.053
data fitting 数据拟合 07.047
data processing 数据处理 07.052

data reconciliation 数据调谐，*数据校正 07.055
data retrieval 数据检索 07.054
data screening 数据筛选 07.056
DCS 集散控制系统 05.207
deactivation 失活 04.116
dead state 死态 02.074
dead zone 死区 04.180
deaeration 脱气 03.826
death phase 死亡期 06.147
debug 检错 05.099
decantation 倾析 03.724
decay of activity 活性衰减 04.115
decision making 决策 05.168
decision making under risk 风险型决策 05.169
decision making under uncertainty 不确定型决策 05.170
decision tree 决策树 05.171
decision variable 决策变量 05.031
decomposition 分解 05.051
decomposition-coordination method 分解－协调法 05.200
decontamination factor 去污指数，*净化指数 03.699
deep submerged fermentation 深层发酵 06.171
default value 缺省值 05.098
deflocculation 解絮凝，*反絮凝 06.238
deformation work 变形功 03.781
degree of freedom 自由度 02.218
degree of mixing 混合程度 03.190
degree of polymerization 聚合度 04.035
dehumidification 减湿 03.038
demonstration unit 示范装置 01.055
dense matrix 密集矩阵 05.092
dense phase 密相，*浓相 04.245
density gradient centrifugation 密度梯度离心 06.245
deoxyribonucleic acid 脱氧核糖核酸，*DNA 06.012
departure function 偏离函数 02.145
design mode 设计型 05.065
design variable 设计变量 05.015
desorption 解吸 03.412， 脱附 03.413
desorption control 脱附控制 04.126
desorption factor 解吸因子 03.416
determination 测定 07.002
deterministic model 确定性模型 05.006
deviation 偏差 07.021
dewatering 脱水 03.749
dew point 露点 03.040
dextran 葡聚糖 06.085
DF 去污指数，*净化指数 03.699
diafiltration [膜]渗滤 03.593
dialysis 渗析，*透析 03.589
dialysis culture 渗析培养，*透析培养 06.165
dialyzate 渗析液，*透析液 06.262
dialyzator 渗析器，*透析器 06.261
dialyzer 渗析器，*透析器 06.261
diaphragm pump 隔膜泵 03.150
differential centrifugation 差速离心 06.243
differential distillation 微分蒸馏 03.365
differential heat of solution 微分溶解热 02.183
differential reactor 微分反应器 04.203
differential test 微分检验[法] 02.253
diffusion 扩散 03.007
diffusion coefficient 扩散系数 03.008
diffusion control 扩散控制 04.127
diffusion pump 扩散泵 03.180
diffusivity 扩散系数 03.008
digraph 有向图 05.228
dilatancy 胀塑性 03.075
dilatant fluid 胀塑性流体 03.060
dilute phase 稀相 04.244
dimensional analysis 量纲分析，*因次分析 01.064
dimensionless group 无量纲数群 01.065
dipleg 料腿 04.274
dipole 偶极 02.241
dipole moment 偶极矩 02.242
dipping 浸渍，*浸泡 03.503
Dirac function 狄拉克函数 07.061
direct search method 直接搜索法 05.150
direct substitution 直接代入法 05.085
disc attrition mill 圆盘磨 03.809
disc column 圆盘塔 03.419
discharge coefficient 流量系数，*孔流系数 03.136

discounted cash flow rate of return *折现收益率 05.243
disintegration 破碎 03.773
disk dryer 圆盘干燥器 03.528
dispersed flow 分散流，*弥散流 03.119
dispersed phase 分散相 02.213
dispersion 分散 03.210
dispersion coefficient 弥散系数 04.165
dispersion force 色散力 02.290
dispersion mill 分散磨 03.808
dispersion model 弥散模型 04.164
displacement 置换，*排代 04.146
dissimilation 异化 06.048
dissociative adsorption 解离吸附 04.104
dissolved oxygen probe 溶氧探头 06.065
distillate 馏出液 03.393
distillation 蒸馏 03.362
distillation with chemical reaction 反应蒸馏 03.401
distributed control system 集散控制系统 05.207
distributed parameter model 分布参数模型 04.042
distribution coefficient 分配系数 02.264
distribution law 分配定律 02.265
distribution plate 分布板 03.459
distribution ratio 分配比 03.580
divergence 发散 07.029
dividing surface 分界表面，*界面相 02.337
Dixon ring θ网环 03.434
DNA 脱氧核糖核酸，*DNA 06.012
dope 掺入 04.109
double arm kneading mixer 双臂捏合机 03.218
double helical ribbon mixer 双螺带混合机 03.216
double-pipe cooler crystallizer 套管冷却结晶器 03.359
double-pipe heat exchanger 套管换热器 03.271
doubling time 倍增时间 06.151
downcomer 降液管 03.472
downcomer backup 降液管液柱高度 03.473
downstream process 下游过程 06.215
downstream processing 下游处理，*后处理 06.214
draft tube 导流筒 03.205
draft-tube-baffled crystallizer 导流筒挡板结晶器，*DTB结晶器 03.361
drag coefficient 曳力系数 03.065
drag force 曳力 03.064
driving force 推动力 01.035
dropwise condensation 滴状冷凝 03.263
dry heat sterilization 干热灭菌 06.175
drying 干燥 03.514
drying curve 干燥曲线 03.521
drying rate 干燥速率 03.520
DTB crystallizer 导流筒挡板结晶器，*DTB结晶器 03.361
dual-flow tray 穿流塔板 03.463
duality 对偶[性] 05.147
Dubinin-Radushkerich equation DR方程 03.558
ductile material 延性物料 03.766
Duhem-Margules equation 杜安-马居尔方程 02.176
dumped packing 散装填料，*乱堆填料 03.426
dumper 卸料器 03.831
dust 粉尘 03.673
dust collector 集尘器 03.700
dustiness 含尘量 03.694
dust-laden gas 含尘气体 03.695
dye affinity chromatography 染料亲和色谱[法] 06.285
dye uptake method 染料摄入法 06.071
dynamic programming 动态规划 05.132
dynamic simulation 动态模拟 05.036
dynamic viscosity 动力粘度 03.070

E

economic life 经济寿命 05.244
eddy [旋]涡 04.154
eddy diffusion 涡流扩散 03.011
eddy diffusivity 涡流扩散系数 03.012
eddy flow 涡流 04.155
edge 边 05.039
educt 浸提物 06.228
effective density 有效密度，*修正密度 03.637

effective diffusivity 有效扩散系数 03.016
effectiveness coefficient 有效系数 04.136
effectiveness factor 有效因子 04.135
effective thermal conductivity 有效导热系数 04.194
effluent 流出物 03.723
elbow 弯头 03.121
electroaffinity 电亲和性 06.290
electrocapillarity 电毛细管现象 06.291
electrochemical reactor 电化学反应器 04.295
electrochromatography 电色谱 06.292
electrodialysis 电渗析 03.596
electronic partition function 电子配分函数 02.307
electroosmosis 电渗 06.263
electrophoresis 电泳 06.275
electrostatic attraction 静电吸引 03.688
electrostatic precipitator 静电沉降器, * 电除尘器 03.704
electrostatic separation 静电分离 03.683
element [微]元 01.019
ELISA 酶联免疫吸附测定 06.070
eluate 洗出液 03.576
elution 洗脱 03.575
elutriation 扬析 04.256
elutriation constant 扬析常数 04.257
Embden-Meyerhof pathway * E-M 途径 06.190
emissive power 发射能力 03.256
emissivity 发射率 03.255
empirical formula 经验式 07.033
empirical model 经验模型 01.039
empirical rule 经验法则 01.050
emulsion 乳液, * 乳浊液 03.211
emulsion liquid membrane 乳化液膜 06.257
emulsion phase 乳相 04.253
emulsion polymerization 乳液聚合 04.031
encapsulation 胶囊化 06.136
endothermic reaction 吸热反应 04.011
energy balance 能量衡算, * 能量平衡 01.011
energy dissipation 能量耗散 04.157
energy integration 能量集成 05.105
enhancement factor 增强因子 04.137
enrichment 富集 03.753
enrichment culture 富集培养 06.164
enthalpy 焓 02.046
enthalpy-concentration diagram 焓浓图 02.051
enthalpy-entropy diagram 焓熵图 02.049
enthalpy-humidity chart 焓湿图, * H-i 图 03.046
entrainment [雾沫]夹带 03.477
entrainment velocity 夹带速度 03.671
entrapment 包埋 06.132
entropy 熵 02.047
entropy balance 熵衡算 02.090
entropy flow 熵流 02.088
entropy generation 熵产生 02.091
entropy production 熵产生 02.091
enumeration algorithm 枚举法 05.121
environmental state 环境态 02.075
enzymatic analysis 酶法分析 06.068
enzymatic electrocatalysis 酶促电催化 06.112
enzymatic hydrolysis 酶法水解 06.073
enzymatic reaction kinetics 酶反应动力学 06.121
enzyme 酶 06.019
enzyme activity 酶活力 06.114
enzyme catalysis 酶催化 06.110
enzyme deactivation 酶失活 06.127
enzyme electrode 酶电极 06.064
enzyme immunoassay 酶免疫分析法 06.069
enzyme-linked immunosorbent assay 酶联免疫吸附测定 06.070
enzyme membrane 酶膜 06.113
enzyme selectivity 酶选择性 06.117
enzyme specificity 酶专一性 06.116
enzyme-substrate complex 酶-底物复合物 06.120
EOS 状态方程 02.119
equality constraint 等式约束 05.140
equation of state 状态方程 02.119
equation-oriented approach 联立方程法 05.046
equations of material balance/equilibrium/fraction summation/enthalpy balance MESH 方程组 05.066
equation-solving approach 联立方程法 05.046
equilibrium composition 平衡组成 02.208
equilibrium constant 平衡常数 02.205
equilibrium conversion 平衡转化[率] 02.207

equilibrium distillation 平衡蒸馏 03.366
equilibrium separation process 平衡分离过程 02.268
equilibrium still 平衡釜 02.270
equilibrium system 平衡系统 02.269
equimolar counter diffusion 等摩尔逆向扩散 03.015
equivalent diameter 当量直径 03.100
equivalent free-falling diameter 等效自由沉降直径 03.630
equivalent length 当量长度 03.101
erosion 磨蚀 04.282
eruption 喷发 04.249
ES 专家系统 05.018
Escherichia coli 大肠杆菌 06.044
estimation 估值，*估算 07.008
Euler number 欧拉数 01.069
eutectic mixture [低]共熔物 02.125
eutectic point [低]共熔点 02.124
evaluation 评估 01.063
evaporation 蒸发 03.302
evaporative cooling 蒸发冷却 03.355
evaporative crystallization 蒸发结晶 03.350
evaporative crystallizer 蒸发结晶器 03.351
evaporator with direct heating 直接加热型蒸发器 03.304
evaporator with horizontal tubes 水平列管蒸发器 03.307
evaporator with submerged combustion 浸没燃烧蒸发器 03.305
evolutionary method 调优法 05.124
evolutionary operation 调优操作 05.212
EVOP 调优操作 05.212
excess chemical potential 超额化学势，*过量化学势 02.173
excess enthalpy 超额焓，*过量焓 02.171
excess entropy 超额熵，*过量熵 02.172
excess function 超额函数，*过量函数 02.168
excess Gibbs free energy 超额吉布斯自由能，*过量吉布斯自由能 02.169
excess property 超额性质，*过量性质 02.167
excess volume 超额体积，*过量体积 02.170
exchange energy 交换能 02.306
exergy 㶲，*有效能，*可用能 02.083
exergy analysis 㶲分析，*有效能分析 02.096
exergy balance 㶲衡算，*有效能衡算 02.095
exergy loss 㶲损失 02.089
exothermic reaction 放热反应 04.012
expansion factor 膨胀因子 04.080
expansion work 膨胀功 02.044
expected value criterion 期望值判据 05.175
expert system 专家系统 05.018
explicit method 显式法 05.079
explosive polymerization 爆聚[合] 04.034
expression 压榨，*挤出 03.758
expression constant 压榨常数 03.760
expression rate 压榨速率 03.759
extended aeration 延时曝气 06.102
extensive property 广度性质，*容量性质 02.005
extent of reaction 反应进度，*反应程度 04.052
external diffusion 外扩散 04.196
extinction 熄灭 04.076
extracellular enzyme 胞外酶 06.026
extract 萃取液 03.489
extraction 萃取 03.486
extractive distillation 萃取蒸馏 03.397
extrapolation 外推 07.046

F

factorial design 析因设计 05.215
factorial experiment 析因实验 07.051
failure diagnosis 故障诊断 05.211
failure mode and effect analysis 故障形式和影响分析 05.229
falling-film evaporator 降膜蒸发器 03.314
falling rate drying period 降速干燥[阶]段 03.523
fan 排风机 03.161
fast fluidization 快速流态化 03.664
fast fluidized bed 快速流化床 04.234
fault diagnosis 故障诊断 05.211
feasible path method 可行路径法 05.158

feasible region 可行域 05.162
fed batch culture 流加培养 06.160
feed 进料 01.029
feedback control 反馈控制 05.194
feedforward control 前馈控制 05.195
feedstock 原料 01.028
Fenske packing 螺线圈填料，*芬斯克填料 03.438
Fenske's equation 芬斯克方程 03.387
fermentation 发酵 06.170
fermenter 发酵罐 06.212
Fermi-Dirac distribution 费米－狄拉克分布 02.231
F factor *F因子 03.450
Fibonacci search method 斐波那契搜索法 05.155
Fick's law 菲克定律 03.014
film boiling 膜状沸腾 03.266
film diffusion control 膜扩散控制 04.128
film heat transfer coefficient 传热膜系数 03.238
film scrubber 膜式洗涤器 03.421
film theory 膜理论 03.017
film-type evaporator 膜式蒸发器 03.313
filmwise condensation 膜状冷凝 03.264
filter aid 助滤剂 03.735
filtration 过滤 03.733
filtration medium 过滤介质 03.734
filtration membrane 滤膜 06.252
filtration sterilization 过滤除菌 06.249
fine particle 细颗粒 03.621
finite element method 有限元法 05.182
finned tube 翅片管 03.281
fired heater 明火加热炉 03.293
first law of thermodynamics 热力学第一定律 02.012
first-order phase transition 一级相变 02.152
fixed bed reactor 固定床反应器 04.284
fixed tube-sheet heat exchanger 固定管板换热器 03.275
flash 闪蒸 03.319
flash evaporation 闪蒸 03.319
flash evaporator 闪蒸器 03.318
flexibility ［操作］弹性 03.483， 柔性，*适应性 05.110
floating head heat exchanger 浮头换热器 03.276
floating valve tray 浮阀板 03.462
floatsam 浮料 04.270
flocculant 絮凝剂 03.719
flocculate 絮凝物 06.237
flocculation 絮凝 03.718
flocculation reaction 絮凝反应 06.236
flooding 液泛 03.444
flooding point 泛点 03.445
flooding velocity 泛点速度 03.448
Flory-Huggins theory 弗洛里－哈金斯理论 02.195
flotation 浮选 03.713
flow 流［动］ 03.049
flow diagram 流程图 01.024
flow-line interception 流线截取 03.686
flow method 流动法 02.029
flow number ［搅拌］流量数 03.193
flow pattern 流型，*流动型态 03.080
flow sheet 流程图 01.024
flowsheeting 流程模拟 05.044
flowsheet synthesis 流程综合 05.102
flow system 流动系统 04.143
flow work 流动功 02.042
fluctuation 涨落 04.159
fluid 流体 03.048
fluid dynamics 流体动力学 03.047
fluidization 流态化 03.658
fluidization number 流化数 04.251
fluidized bed adsorber 流化床吸附器 03.566
fluidized bed dryer 流化床干燥器 03.535
fluidized bed reactor 流化床反应器 04.285
fluidizing velocity 流化速度 03.668
flushing 涌料 03.788
flux 通量 01.056
flux density 通量密度 03.730
flux density vector 通量密度矢量 02.117
foam 泡沫 03.675
forced circulation evaporator 强制循环蒸发器 03.312
forced convection 强制对流 03.232

forced oscillation 强制振荡 04.061
formulation 数式化 05.142
forward feed 顺向进料 03.321
fouling 污垢，*结垢 03.247
Fourier number 傅里叶数 01.070
fractional crystallization 分步结晶 03.347
fractional efficiency 分级效率 03.698
fractionation 分馏 03.368
fraction of coverage 覆盖率 04.099
fragility 易碎性 03.776
fragmentation 碎裂 03.775
freeboard 自由空间，*分离空间 04.258
free enzyme 游离酶 06.025
free falling velocity 自由沉降速度 03.669
free moisture 游离水分，*自由水分 03.518
free sedimentation 自由沉降 03.726
freeze drying 冷冻干燥 03.539
frequency factor *频率因子 04.079
Freundlich equation 弗罗因德利希方程 03.557
friction factor 摩擦因子 03.089
friction force 摩擦力 03.067
friction loss 摩擦损失 03.090
Froude number 弗劳德数 01.071
fugacity 逸度 02.149
fugacity coefficient 逸度系数 02.150
fully developed flow 充分发展流 03.087
fume 烟雾 03.677
funnel flow 漏斗状流动 03.787
future value 将来值 05.238
fuzzy model 模糊模型 05.010

G

gas distributor 气体分布器 04.259
gas film control *气膜控制 03.030
gas holdup 持气率 03.457
gas-liquid equilibrium 气液平衡 02.271
gas-liquid mass transfer equipment 气液传质设备 03.423
gas permeation 气体渗透 03.584
gas phase control 气相控制 03.030
gas phase loading factor 气相动能因子 03.450
gas phase mass transfer coefficient 气相传质系数 03.032
gas stripping 气提 03.371
gate valve 闸阀 03.126
Gaussian elimination 高斯消元法 05.074
gear pump 齿轮泵 03.148
gel chromatography 凝胶色谱[法] 06.283
gel entrapment 胶体包埋 06.138
gel filtration 凝胶过滤 06.246
gel filtration chromatography 凝胶过滤色谱[法] 06.286
gel immunoelectrophoresis 凝胶免疫电泳 06.279
gene 基因 06.058
generalization 普适化，*普遍化 01.057
generalized equation 普适方程 01.058
generalized fluidization 广义流态化 03.660
general reduced gradient method 通用简约梯度法 05.157
generation time 传代时间 06.150
genetically engineered cell 基因工程细胞 06.060
genetic engineering 基因工程，*遗传工程 06.059
Gibbs-Duhem equation 吉布斯－杜安方程 02.175
Gibbs free energy 吉布斯自由能，*自由焓 02.071
GLE 气液平衡 02.271
global optimum 总体最优[值] 05.166
global rate 总体速率 04.053
globe valve 截止阀，*球心阀 03.125
glucan 葡聚糖 06.085
glycolytic pathway 糖酵解途径 06.190
golden section method 黄金分割法 05.154
Gouy-Stodola theorem 古伊－斯托多拉定理 02.092
gradient 梯度 01.034
gradientless reactor 无梯度反应器 04.206
gradient method 梯度法 05.156
Graetz number 格雷茨数 01.072
grainsize analysis 粒度分析 03.652
grainsize analyzer 粒度分析仪 03.653
grand-canonical ensemble 巨正则系综 02.319

grand-canonical partition function 巨正则配分函数 02.320
granular-bed filter 颗粒层过滤器 03.703
granulation 造粒 03.824
granulometer 粒度分析仪 03.653
granulometry 粒度分析 03.652
graphical method 图解法 07.036
Grashof number 格拉斯霍夫数 01.073
gravity separation 重力分离 03.679
gravity settling 重力沉降 03.685
gray body 灰体 03.258
gray system 灰色系统 05.003
GRG method 通用简约梯度法 05.157
grid agitator 框式搅拌器 03.200
grind 研磨 03.772
grinding additive 研磨辅料 03.811
grinding medium 研磨介质 03.812
gross error 过失误差 07.016
gross error identification 过失误差检出 07.017
group activity coefficient 基团活度系数 02.249
group fraction in solution 溶液中基团分率 02.247
growth factor 生长因子 06.089
growth kinetics 生长动力学，＊增殖动力学 06.141
growth rate 生长速率 06.142
growth yield 生长收率 06.200
growth yield coefficient 生长收率系数，＊增殖收率系数 06.185
gyratory crusher 回转破碎机 03.790

H

hairpin tube heat exchanger U形管换热器 03.277
half life of enzyme 酶半衰期 06.118
hammer crusher 锤式破碎机 03.793
hard sphere 硬球 02.331
Hatta number 八田数 01.074
hazard index 危险指数 05.230
head 扬程 03.156
heap and dump leaching 堆[积]浸[取] 03.509
heat accumulator 蓄热器 03.289
heat capacity at constant pressure 等压热容 02.037
heat capacity at constant volume 等容热容 02.038
heat-capacity flow rate 热容流率 05.112
heat carrier 载热体 03.299
heat effect 热效应 02.055
heat engine 热机 02.085
heat exchange 换热 03.268
heat exchanger 换热器，＊热交换器 03.269
heat exchanger network 换热器网络 05.111
heat flow 热流[量] 03.235
heat flux 热通量 03.236
heating medium 载热体 03.299
heat integration 热集成 05.106
heat of absorption 吸收热 02.063
heat of adsorption 吸附热 02.341
heat of condensation 冷凝热 02.060
heat of crystallization 结晶热 03.341
heat of dilution 稀释热 02.184
heat of evaporation 蒸发热 02.058
heat of formation 生成热 02.066
heat of fusion 熔化热 02.061
heat of hydration 水合热 02.185
heat of liquefaction 液化热 02.059
heat of mixing 混合热 02.062
heat of reaction 反应热 02.267
heat of solution 溶解热 02.181
heat of vaporization 汽化热 02.057
heat-pipe 热管 03.297
heat-pipe exchanger 热管换热器 03.298
heat pump 热泵 02.086
heat transfer 传热，＊热量传递 03.003
heat transfer medium 载热体 03.299
heat transfer rate 传热速率 03.234
height 扬程 03.156
height equivalent of a theoretical plate 等[理论]板高度，＊理论板当量高度 03.388
height of a [heat] transfer unit 传热单元高度 03.029
height of a [mass] transfer unit 传质单元高度

03.028
height of crest over weir 堰上溢流液头 03.476
height of overall transfer unit 总传质单元高度 03.036
helical ribbon agitator 螺带搅拌器 03.203
Helmholtz free energy 亥姆霍兹自由能，* 自由能 02.070
Henry's law 亨利定律 02.155
Hess's law 赫斯定律，* 盖斯定律 02.048
heterogeneous catalysis 非均相催化 04.082
heterogeneous reaction 非均相反应 04.064
heterogeneous surface 非均匀表面 04.094
heterogeneous system 非均相系统 02.281
HETP 等[理论]板高度，* 理论板当量高度 03.388
heuristic method 直观推断法，* 启发式方法 05.122
heuristic rule 直观推断法则，* 启发式法则 05.123
hexose phosphate shunt pathway 磷酸己糖旁路途径 06.191
hidden layer 隐含层 05.025
hierarchical control 递阶控制 05.199
high-density culture 高密度培养 06.163
high-pressure homogenizer 高压匀浆器 06.231
hindered sedimentation 受阻沉降 03.727
histogram 直方图 05.227
hold-down plate 压板 03.442
hollow agitator 自吸搅拌器，* 空心叶轮搅拌器 03.204
hollow-fiber module 中空纤维组件 03.611
homogeneous catalysis 均相催化 04.081
homogeneous membrane 均质膜 03.600
homogeneous poisoning 均匀中毒 04.111
homogeneous reaction 均相反应 04.063
homogeneous surface 均匀表面 04.093
homogeneous system 均相系统 02.280
homogenization 匀化 03.185
homogenizer 匀化器 03.186
homotopic continuation method 同伦拓展法 05.180
hormone 激素 06.087
Hosokawa-Nauta mixer * H－N 混合器 03.228
hot spot 热点 04.193
hot-wire size analyzer 热线粒度分析仪 03.656
HSA 人血清清蛋白 06.094
HTU 传质单元高度 03.028, 传热单元高度 03.029
human serum albumin 人血清清蛋白 06.094
humidification 增湿 03.037
hybridization 杂交 06.056
hybridoma 杂交瘤 06.057
hybrid tumor 杂交瘤 06.057
hydraulic jump 水跃 03.108
hydraulic mean diameter 水力平均直径 03.102
hydraulic radius 水力半径 03.103
hydrocyclone 旋液分离器 03.744
hydrophilic particle 亲水性颗粒 03.712
hydrophobic chromatography 疏水色谱[法] 06.282
hydrophobic particle 疏水性颗粒 03.711
hydrosol 水溶胶 03.708
hydrostatic head 液柱静压头 03.303
hyperbolic type [kinetic] equation 双曲线型[动力学]方程 04.131
hypersorption 超吸附 03.560

I

ideal flow 理想流动 04.144
ideal gas 理想气体 02.147
ideal solution 理想溶液 02.146
ideal work 理想功 02.078
ignition 起燃 04.075
imbibition 浸润，* 吸液 03.691
immersed surface 浸没表面 04.272
immobilization technology 固定化技术，* 固相化技术 06.130
immobilized cell reactor 固定化细胞反应器 06.210
immobilized enzyme 固定化酶 06.131
immobilized enzyme reactor 固定化酶反应器 06.209

immobilized liquid membrane 支撑液膜 06.256
immune electrophoresis 免疫电泳 06.278
immunoadsorption 免疫吸附 06.266
impact crusher 冲击式破碎机 03.794
impeller 叶轮 03.152
impeller agitator 叶轮搅拌器 03.198
impingement 碰撞 03.689
implicit enumeration method 隐枚举法 05.148
implicit method 隐式法 05.078
inactivation 失活 04.116
incidence matrix 关联矩阵 05.054
incipient fluidization 起始流化态 04.242
incipient fluidizing velocity 起始流化速度 04.243
incompressible fluid 不可压缩流体 03.053
independent deactivation 独立失活 04.117
induced dipole 诱导偶极 02.243
induced-fit theory [酶]诱导契合学说 06.126
induction period 诱导期 04.074
inequality constraint 不等式约束 05.141
inertia force 惯性力 03.063
inertial impaction 惯性碰撞 03.684
inertial separation 惯性分离 03.681
infeasible path method 不可行路径法 05.159
inference engine 推理机 05.019
inferential control 推理控制 05.206
infinite dilution 无限稀释 02.266
information board 信息板 05.218
information flow diagram 信息流图 05.049
infrared drying 红外干燥 03.538
infusion 浸渍，*浸泡 03.503
inhibition 抑制 04.071
inhibitor 抑制剂 04.072
initial condition 初始条件 07.044
initiator 引发剂 04.073
in-line mixer 管路混合器 03.207
in-line tube arrangement 直列管排 03.282
inoculation 接种 06.177
input layer 输入层 05.022
input-output 投入产出 05.176
instantaneous reaction 瞬时反应 04.008
insulin 胰岛素 06.096
Intalox saddle 矩鞍填料 03.432
integer programming 整数规划 05.133
integral heat of solution 积分溶解热 02.182
integral reactor 积分反应器 04.204
integral test 积分检验[法] 02.252
integration 集成，*整合 05.103
intensive property 强度性质，*内含性质 02.006
interaction coefficient 交互作用系数 02.123
interfacial tension 界面张力 02.335
interferon 干扰素 06.095
intermediate-product 中间产物 01.032
intermolecular force 分子间力 02.288
internal diffusion 内扩散 04.195
internal energy 内能 02.007
internal rate of return 内部收益率 05.243
internals 内[部]构件 04.275
interparticle diffusion 粒间扩散 04.200
interphase exchange coefficient 相间交换系数 04.278
interpolation 内插 07.045
interstitial velocity 空隙速度 04.248
intracellular enzyme 胞内酶 06.027
intraparticle diffusion 粒内扩散 04.199
intrinsic kinetics 本征动力学 04.056
inventory 存量，*藏量 04.268
in vitro 体外 06.051
in vivo 体内 06.050
ion exchange 离子交换 03.569
ion exchange capacity 离子交换容量 03.571
ion exchange chromatography 离子交换色谱[法] 03.568
ion exchange equilibrium 离子交换平衡 03.572
ion exchange membrane 离子交换膜 03.603
ion exchanger 离子交换剂 03.570
ionic migration 离子迁移 03.745
IP 整数规划 05.133
IRR 内部收益率 05.243
irreversibility 不可逆性 02.112
irreversible process 不可逆过程 02.021
irreversible reaction 不可逆反应 04.010
irrigation rate 润湿率 03.453
isenthalpic process 等焓过程 02.035
isentropic efficiency 等熵效率 02.101
isentropic process 等熵过程 02.036

isobaric process 等压过程 02.033
isochoric process 等容过程 02.034
isoelectric focusing 等电聚焦 06.273
isoelectric point 等电点 06.006
isoelectric precipitation 等电沉淀 06.234
isoelectric separation 等电点分离 06.221
isoionic point 等离点 06.005
isolated system 隔离系统，* 孤立系统 02.002
isometric process 等容过程 02.034
isopiestic process 等压过程 02.033
isothermal process 等温过程 02.032
isotropy 各向同性 04.152
iterative method 迭代法 07.037

J

jacket 夹套 03.287
Jacobian matrix 雅可比矩阵 05.072
jaw crusher 颚式破碎机 03.789
jet dryer 喷流干燥器 03.529
jet mill 气流粉碎机 03.806
jet penetration length 射流穿透长度 04.264
jet reactor 射流反应器 04.292
jetsam 沉料 04.269
jetter 喷洗器 03.750
jet tray 舌形板 03.468
j-factor j 因子 03.022
j_D-factor j_D 因子，* 传质 j 因子 03.024
j_H-factor j_H 因子，* 传热 j 因子 03.023
jigged fluidized bed 跳汰流化床 04.238
Joule-Thomson coefficient 焦耳－汤姆孙系数 02.107
Joule-Thomson effect 焦耳－汤姆孙效应 02.106

K

Karr column 往复板萃取塔 03.495
key component 关键组分 01.030
kinematic viscosity 运动粘度 03.071
kinetic control 动力学控制 04.129
kinetic head 动压头 03.092
Kirchhoff's law 基尔霍夫定律 02.240
kneader 捏合机 03.217
kneading 捏合 03.214
knowledge base 知识库 05.020
knowledge engineering 知识工程 05.017
Knudsen diffusion 克努森扩散 04.197
Knudsen number 克努森数 01.075
Kolmogorov's scale 科尔莫戈罗夫尺度 04.156
konimeter 测尘器 03.706
Kremser's diagram 克伦舍尔图 03.417
Kühni extractor 屈尼萃取塔 03.497

L

lactic acid bacteria 乳酸菌 06.077
lagging 隔热层 03.301
laminar flow 层流，* 滞流 03.082
laminar sub-layer 层流底层 03.086
Langmuir equation 朗缪尔方程 03.555
Langmuir-Hinshelwood mechanism 朗－欣机理 04.123
large scale system 大系统 05.001
latent heat 潜热 02.056
lateral mixing 横向混合 04.163
lattice theory 晶格理论，* 格子理论 02.190
Laval nozzle 拉瓦尔喷嘴 03.129
law of conservation of energy 能量守恒定律 02.015
leaching 浸取 03.501
lean phase 贫相 04.246
least square method 最小二乘法 07.035
Lee-Kesler equation LK 方程 02.139

Legendre transformation 勒让德变换 07.038
Lennard-Jones potential 伦纳德－琼斯势 02.296
levitation 飘浮 03.667
Lewis-Randall rule 路易斯－兰德尔规则 02.200
L-H mechanism 朗－欣机理 04.123
LHSV 液态空速 04.023
life distribution 寿命分布 04.177
lifetime 寿命 04.020
lift 扬程 03.156
ligand 配体，*配基 06.289
Linde cycle 林德循环 02.108
Linde sieve tray 导向筛板，*林德筛板 03.465
linear programming 线性规划 05.130
line mixer 管路混合器 03.207
lining 衬里 03.810
lipid 脂质 06.017
liquid film control *液膜控制 03.031
liquid holdup 持液量，*持液率 03.456
liquid hourly space velocity 液态空速 04.023
liquid-liquid equilibrium 液液平衡 02.272
liquid-liquid extraction 液液萃取 03.487
liquid membrane 液膜 03.605
liquid permeation 液体渗透 03.585
liquid phase control 液相控制 03.031
liquid phase mass transfer coefficient 液相传质系数 03.033
liquid-ring pump 液环泵 03.167
liquid-solid extraction *液固萃取 03.501
lixiviation 浸滤 03.502
LK equation LK方程 02.139
LLE 液液平衡 02.272
loading 载液 03.446
loading point 载点 03.447
local composition 局部组成 02.201
local equilibrium 局部平衡 02.111
local optimum 局部最优[值] 05.167
lock-and-key theory 锁钥学说 06.125
lock hopper 闭锁式料斗 03.830
logarithmic mean temperature difference 对数平均温差 03.240
logarithmic phase 对数生长期 06.146
loop 环路，*回路 05.050
loop reactor 环流反应器 04.290
lost work 损失功 02.079
louver type baffle 百叶窗挡板 04.276
LP 线性规划 05.130
lumped parameter model 集总参数模型 04.041
lumping kinetics 集总动力学 04.122
Luwa evaporator 薄膜蒸发器 03.316
lyophilization 冷冻干燥 03.539
lysozyme 溶菌酶 06.023

M

Mach number 马赫数 01.076
macrofluid 宏观流体 04.190
macrokinetics 宏观动力学 04.057
macromixing 宏观混合 04.189
macropore 大孔 04.086
magma 晶浆 03.339
magnetically stabilized fluidized bed 磁稳流化床 04.233
magneto fluidization 磁力流态化 03.665
maldistribution 不良分布 01.059
manometer 液柱压力计 03.131
Margules equation 马居尔方程 02.196
MARR 最低容许收益率 05.242
Martin-Hou equation[of state] 马丁－侯[虞钧]方程 02.142
mass flow 质量流 03.050
mass flow rate 质量流率，*质量流量 03.097
mass flux 质量通量 03.099
mass transfer 传质，*质量传递 03.004
mass transfer coefficient 传质系数 03.006
mass transfer rate 传质速率 03.005
mass transfer zone 传质区 03.553
mass velocity 质量流速 03.098
matching of streams 流股匹配 05.113
material balance 物料衡算，*物料平衡 01.010
material seal 料封 03.827
maximax criterion 大中取大判据 05.172
maximin-utility criterion 小中取大效用判据

05.173
maximum likelihood principle 最大似然原理 07.039
maximum mixedness 最大混合度 04.185
Maxwell relation 麦克斯韦关系 02.069
McCabe-Thiele diagram M－T图 03.382
McMahon packing 网鞍填料 03.436
MD method 分子动态法 02.297
MD tray 多降液管塔板 03.467
mean error 平均误差 07.012
mean residence time 平均停留时间 04.179
measurement 测量 07.001
mechanical separation 机械分离 03.678
medium 介质 01.033
Mellapak packing 板波纹填料 03.441
membrane 膜 03.582
membrane bioreactor 膜生物反应器 06.213
membrane distillation 膜蒸馏 03.594
membrane extraction 膜萃取 03.606
membrane module 膜组件 03.607
membrane permeation 膜渗透 03.583
membrane reactor 膜反应器 04.293
membrane vesicle 膜囊 06.135
MESH equations MESH 方程组 05.066
mesh screening 网筛，＊过筛 03.815
mesophile 中温菌 06.037
mesopore 细孔 04.087
metabolic control 代谢控制 06.195
metabolic rate 代谢速率 06.193
metabolism 代谢 06.188
metabolite 代谢物 06.189
metastable region 亚稳区，＊介稳区 03.335
metastable state 亚稳态，＊介稳态 01.014
metering pump 计量泵 03.151
method of finite difference 有限差分法 05.181
Michaelis-Menton constant 米氏常数 06.124
Michaelis-Menton equation 米氏方程 06.123
Michaelis-Menton kinetics 米氏动力学 06.122
microbial contamination 杂菌感染 06.173
microcanonical ensemble 微正则系综 02.321
microcanonical partition function 微正则配分函数 02.322
microcapsule 微胶囊 06.134
microcarrier 微载体 06.137
microfiltration 微[孔过]滤 03.590
microfluid 微观流体 04.188
micromeritics 微粒学 03.616
micromixing 微观混合 04.187
microorganism 微生物 06.030
micropore 微孔 04.088
microporous filter 微孔过滤器 06.259
microporous membrane 微孔膜 03.599
microwave drying 微波干燥 03.541
migration 迁移 04.198
mill capacity 研磨能力 03.783
mill efficiency 研磨效率 03.782
minimax-regret criterion 大中取小遗憾判据 05.174
minimum acceptable rate of return 最低容许收益率 05.242
minimum fluidization ＊最小流化态 04.242
minimum fluidizing velocity ＊最小流化速度 04.243
minimum reflux ratio 最小回流比 03.386
MINLP 混合整数非线性规划 05.135
mist 雾 03.674
mixed flow pump 混流泵 03.145
mixed integer nonlinear programming 混合整数非线性规划 05.135
mixedness 混合度 03.224
mixer 混合器 03.182，混流器 05.043
mixer-settlers 混合澄清器，＊混合沉降器 03.498
mixing 混合 03.181
mixing index 混合指数 03.189
mixing length 混合长 03.013
mixing rate 混合速率 03.188
mixing rule 混合规则 02.238
mixing time 混合时间 03.187
mockup experiment 冷模试验 01.051
model 模型 01.037
model identification 模型辨识 01.043
modeling 建模，＊建立模型 01.042
model parameter 模型参数 07.041
module 模块 05.005
moist material 湿物料 03.515

moisture content 湿含量 03.516
mold 霉菌 06.033
molecular diffusion 分子扩散 03.009
molecular diffusivity 分子扩散系数 03.010
molecular distillation 分子蒸馏 03.399
molecular dynamic method 分子动态法 02.297
molecular parameter 分子参数 02.313
molecular partition function 分子配分函数 02.314
molecular sieve 分子筛 04.085
molecular simulation 分子模拟 02.298
molecular thermodynamics 分子热力学 02.312
molecular weight distribution 分子量分布 04.036
Mollier diagram 莫利尔图 02.050
moment 矩 07.059
momentum transfer 动量传递 03.002
momentum transfer coefficient 动量传递系数 04.158
monoclonal antibody 单克隆抗体 06.090
Monod growth kinetics 莫诺生长动力学 06.144
monodisperse 单分散 04.160
monolithic catalyst 整装催化剂 04.028
Monte Carlo simulation 蒙特卡罗模拟 05.080
most probable distribution 最概然分布, * 最可几分布 07.040
mother liquor 母液 03.338
mould 霉菌 06.033
moving bed adsorber 移动床吸附器 03.565
moving bed reactor 移动床反应器 04.286
MTZ 传质区 03.553
multichamber centrifuge 多室离心机 03.763
multicomponent mixture 多元混合物, * 多组分混合物 03.390
multicomponent system 多元系[统], * 多组分系统 02.258
multidowncomer tray 多降液管塔板 03.467
multifunctional enzyme 多功能酶 06.022
multilevel method of optimization 多层次优化法 05.145
multi-objective programming 多目标规划 05.136
multiphase flow 多相流 03.112
multiple-effect evaporation 多效蒸发 03.320
multiple reaction 多重反应 04.004
multiple stability 多重稳态 04.045
multiplet 多重态 04.044
multiplicity 多重态 04.044
multi-region model 多区模型 04.280
multistage compressor 多级压缩机 03.175
multistage fluidized bed 多级流化床 04.240
Murphree efficiency 默弗里效率 03.482
MWD 分子量分布 04.036

N

nanofiltration 纳米过滤 03.592
Nash pump 纳氏泵 03.168
natural circulation evaporator 自然循环蒸发器 03.306
natural convection 自然对流 03.231
net positive suction head 汽蚀余量, * 净正吸压头 03.159
net present value 净现值 05.237
neural network training 神经网络训练 05.026
neuron 神经元 05.024
Newtonian fluid 牛顿流体 03.054
Newton method for convergence 牛顿收敛法 05.087
Newton-Raphson method 牛顿-拉弗森法 05.071
nitrogen fixation 固氮[作用] 06.103
node 节点 05.038
noise level 噪声水平 05.225
non-affinity adsorption 非亲和吸附 06.265
non-equilibrium stage model 非平衡级模型 05.077
non-equilibrium system 非平衡系统 02.110
non-equilibrium thermodynamics 非平衡热力学, * 不可逆过程热力学 02.010
nonideal flow 非理想流动 04.145
non-isothermal absorption 非等温吸收 03.414
nonlinear programming 非线性规划 05.131
non-Newtonian fluid 非牛顿流体 03.055
nonporous membrane 非多孔膜 03.598
non-random two-liquid equation NRTL 方程, * 非随机两液体方程 02.199

non-spontaneous process 非自发过程 02.178
normalization 归一化 07.006
notched weir 切口堰 03.137
NPSH 汽蚀余量，*净正吸压头 03.159
NPV 净现值 05.237
NRTL equation NRTL方程，*非随机两液体方程 02.199
NTU 传质单元数 03.026，传热单元数 03.027
nucleate boiling 泡核沸腾 03.265
nucleation 成核，*晶核生成 03.332
nucleic acid 核酸 06.008
nucleoside 核苷 06.013
nucleotide 核苷酸 06.009
null hypothesis 零假设 05.221
number of [heat] transfer units 传热单元数 03.027
number of [mass] transfer units 传质单元数 03.026
number of overall transfer units 总传质单元数 03.035
numerical analysis 数值分析 07.034
Nusselt number 努塞特数 01.077

O

objective function 目标函数 05.138
observability 可观测性 05.187
occurrence matrix 事件矩阵 05.056
off-line 离线 05.191
oligosaccharide 寡糖，*低聚糖 06.015
one-component system 单组分系统 02.174
one-dimensional model 一维模型 04.223
on-line 在线 05.190
on-off control 通断控制 05.196
Onsager reciprocal relation 昂萨格倒易关系 02.115
open boundary 开式边界 04.170
open circuit 开路 03.785
open loop 开环 05.192
open system 敞开系统 02.003
open vessel 开式容器 04.169
operating line 操作线 03.383
operational variable 操作变量 05.213
optimization 优化，*最优化 05.129
orifice meter 孔板流量计 03.134
orthogonal collocation 正交配置 05.183
oscillation 振荡 04.060
Oslo evaporative crystallizer 奥斯陆蒸发结晶器 03.360
osmosis 渗透[作用] 02.164
osmotic coefficient 渗透系数 02.166
osmotic pressure 渗透压 02.165
output layer 输出层 05.023
output set 输出集 05.060
overall heat transfer coefficient 总传热系数 03.237
overall mass transfer coefficient 总传质系数 03.034
overflow 溢流，*上溢 03.721
overflow weir 溢流堰 03.474
oxygen consumption rate 耗氧速率 06.203
oxygen supply 供氧 06.201
oxygen transfer 氧传递 06.202
oxygen transfer coefficient 传氧系数 06.204
oxygen transfer rate 传氧速率 06.206
oxygen uptake rate 摄氧速率 06.207
oxygen yield coefficient 氧收率系数 06.187

P

Pachuca extractor 气升式搅拌浸取器，*帕丘卡浸取器 03.511
packed column 填料塔 03.424
packing factor 填料因子 03.449
packing fraction 充填率 03.813
paddle 平桨 04.213
paddle agitator 桨式搅拌器 03.196
Pall ring 鲍尔环 03.429

parallel deactivation 平行失活 04.118
parallel feed 平行进料 03.323
parallel processing 并行处理 05.029
parallel reaction 平行反应 04.006
parameter estimation 参数估值 05.012
parametric pump 参数泵 03.563
partial condenser 分凝器 03.379
partial miscibility 部分互溶 02.248
partial molar enthalpy 偏摩尔焓 02.187
partial molar Gibbs free energy 偏摩尔吉布斯自由能 02.188
partial molar quantity 偏摩尔量 02.186
partial molar volume 偏摩尔体积 02.189
particle 颗粒 03.618
particle density 颗粒密度 03.631
particle diameter 粒径 03.623
particle shape 颗粒形状，* 粒形 03.638
particle size 粒度 03.624
particle size distribution 粒度分布 03.625
particle swarm 颗粒群 03.622
particulate fluidization 散式流态化 03.661
particuology 颗粒学 03.615
partitioning 分隔 05.052
path 途径，* 路径 01.027
path tracing 路径追踪 05.058
pattern recognition 模式识别 05.090
pattern search 模式搜索 05.151
payback period 投资回收期 05.240
pebble mill 砾磨机 03.796
Peclet number 佩克莱数 01.078
pelletizing 造粒 03.824
penalty function 罚函数 05.160
penetration theory 穿透理论，* 渗透理论 03.019
Peng-Robinson equation PR 方程 02.137
peptide 肽 06.018
percolate 渗滤液 03.743
percolation 渗滤 03.742
percolation extractor 渗滤器 03.507
perfect mixing 全混 04.148
perforated plate 多孔板 04.261
perform tray 网孔塔板 03.469
perfusion culture 灌注培养 06.162
peripheral speed 圆周速度 03.191
permeability 渗透率 03.586
permeate 渗透物 03.613
permeation flux 渗透通量 03.587
PERT 项目评审技术 05.179
perturbation theory 微扰理论，* 摄动理论 02.333
perturbed hard chain theory 微扰硬链理论 02.294
pervaporation 渗透蒸发 03.595
phage 噬菌体 06.039
phase 相 02.212
phase change 相变 02.217
phase diagram 相图 02.219
phase equilibrium 相平衡 02.215
phase rule 相律 02.216
phase transfer 相转移 02.220
PHC theory 微扰硬链理论 02.294
phenomenological coefficient 唯象系数 02.116
photorespiration 光呼吸 06.197
physical absorption 物理吸收 03.403
physical adsorption 物理吸附 03.546
physical exergy 物理㶲 02.093
pilot plant 中间试验装置，* 中试装置 01.053
pinch point 夹点 05.115
pinch technology 夹点技术 05.114
pipe fitting 管件 03.120
pipeline network 管路网络 05.120
piston pump 活塞泵 03.142
Pitot tube 皮托管 03.130
plait point 共溶点，* 褶点 03.491
plastic fluid 塑性流体 03.057
plate 塔板 03.374
plate-and-frame filter press 板框压滤机 03.738
plate-and-frame module 板框组件 03.609
plate efficiency [塔]板效率 03.479
plate-fin heat exchanger 板翅换热器 03.274
plate-type evaporator 板式蒸发器 03.317
plate [type] heat exchanger 板式换热器 03.272
plenum chamber 充气室 04.263
plug flow 平推流，* 活塞流 04.147
pneumatic dryer 气流干燥器 03.531
point efficiency 点效率 03.481
poison 毒物 04.107

poisoning　中毒　04.108
polarizability　极化率　02.279
polarization　极化　02.278
polarization factor　极化因子　02.277
polishing　精制　06.226
poly-fluid theory　多流体理论　02.157
polysaccharide　多糖　06.016
polytropic process　多变过程，* 多方过程　02.024
Ponchon-Savarit diagram　* P－S 图　02.051
pool boiling　池沸腾　03.267
pore size distribution　孔径分布　04.090
pore volume　孔体积，* 孔容　04.089
porosity　孔隙率　04.091
porous medium　多孔介质　04.201
porous membrane　多孔膜　03.597
porous plate　密孔板　04.262
positive displacement pump　容积式泵，* 排代泵　03.140
powder　粉[体]　03.619
powder density　粉体密度　03.632
powder technology　粉体技术，* 粉体工程　03.617
power function type [kinetic] equation　幂函数型[动力学]方程　04.132
power-law fluid　幂律流体　03.056
power number　功率数　03.194
Poynting correction　坡印亭校正　02.293
Poynting factor　* 坡印亭因子　02.293
Prandtl number　普朗特数　01.079
precedence ordering　排序　05.059
precipitation polymerization　沉淀聚合　04.033
precision　精[密]度　07.023
precursor　前体　04.121
prediction　预测　07.007
predictive control　预估控制　05.205
predistribution　预分布　04.184
pre-exponential factor　指[数]前因子　04.079
preheater　预热器　03.295
PR equation　PR 方程　02.137
present value　现值　05.236
pressure drop　压降　03.091
pressure-enthalpy diagram　压焓图　02.053
pressure leaf filter　加压叶滤机　03.739
pressure swing adsorption　变压吸附　03.559
pressure-volume diagram　压容图　02.052
prilling　成球　03.823
principle of corresponding state　对应态原理，* 对比态原理　02.162
principle of entropy increase　熵增原理　02.087
prior estimate　预估值　05.224
process　过程　01.020
process analysis　过程分析　05.004
process development　过程开发　01.062
process dynamics　过程动态[学]　05.184
process evaluation　过程评价　05.231
process identification　过程辨识　05.186
process integration　过程集成　05.104
process optimization　过程优化　05.137
process-scale chromatography　工业色谱[法]　03.567
process simulation　过程模拟　05.034
process synthesis　过程综合，* 过程合成　05.101
process system engineering　过程系统工程，* 化工系统工程　01.005
product inhibition　产物抑制　06.129
progressive conversion model　渐进转化模型　04.141
project evaluation and review technique　项目评审技术　05.179
promoter　助催化剂　04.027
propagation of error　误差传递　07.019
propeller　螺旋桨　04.214
propeller agitator　螺旋桨式搅拌器　03.195
proportional band　比例度　05.197
protease　蛋白酶　06.024
protein engineering　蛋白质工程　06.004
protein fractionation　蛋白质分级　06.219
prototype experiment　原型试验　01.054
protruded corrugated sheet packing　压延孔板波纹填料　03.440
PSA　变压吸附　03.559
pseudo-homogeneous model　拟均相模型　04.222
pseudo-parameter　虚拟参数　02.244
pseudo-plastic fluid　假塑性流体　03.059

pseudo-plasticity 假塑性 03.076
pseudo-variable 虚拟变量 05.032
psychrometric chart 湿度图 03.044
psychrophile 低温菌 06.036
pulp 浆料，＊淤浆 03.710
pulsating fluidized bed 脉动流化床 04.230
pulsed sieve plate column 脉冲筛板塔 03.494
pulse response 脉冲响应 04.176
pulverizer 粉磨机 03.805

Q

Quantimet 图象分析仪 03.657
quantity meter ［累计］总量表 03.139
quantum effect 量子效应 02.330
quasi-chemical approximation 准化学近似，＊类化学近似 02.180
quasi-chemical solution model 准化学溶液模型，＊类化学溶液模型 02.179
quasilinearization 拟线性化 05.149
quasi-static process 准静态过程 02.025
quench 冷激，＊骤冷 04.221

R

R&D 研究与开发 01.061
radial distribution function 径向分布函数 02.303
radial flow reactor 径向反应器 04.291
radiation 辐射 03.233
radiation intensity 辐射强度 03.260
raffinate 萃余液，＊抽余液 03.490
raining solid reactor 淋粒反应器 04.299
random error 随机误差 07.015
random process 随机过程 07.032
random sampling 随机抽样 07.009
random search 随机搜索 05.153
Rankine cycle 兰金循环 02.099
Raoult's law 拉乌尔定律 02.154
Raschig ring 拉西环 03.428
rate of return on investment 投资收益率 05.241
raw material 原料 01.028
Rayleigh number 瑞利数 01.080
Raymond mill 雷蒙磨 03.802
RDC 转盘塔 03.496
reachability matrix 可及矩阵 05.057
reaction kettle 反应釜 04.210
reaction kinetics 反应动力学 04.054
reaction mechanism 反应机理 04.047
reaction network 反应网络 04.049
reaction order 反应级数 04.050
reaction path 反应途径 04.048
reaction rate 反应速率 04.051
reaction rate constant 反应速率常数 04.055
reactor 反应器 04.202
reactor network 反应器网络 05.119
real composition 真实组成 02.236
real gas 真实气体 02.126
reboiler 再沸器，＊重沸器 03.378
reciprocating piston compressor 往复式活塞压缩机 03.171
reciprocating plate column 往复板萃取塔 03.495
reciprocating pump 往复泵 03.143
recirculation reactor 循环反应器 04.288
recombinant DNA 重组 DNA 06.055
recombination 重组 06.054
recovery 回收［率］ 03.395
rectification 精馏 03.367
rectification section 精馏段 03.391
recuperator 蓄热器 03.289
recycle 循环 01.026
Redlich-Kwong equation RK 方程 02.135
reduced pressure 对比压力 02.160
reduced saturated vapor pressure 对比饱和蒸汽压 02.163
reduced temperature 对比温度 02.161
redundancy 冗余［度］ 07.063
redundant equation 冗余方程 05.095
re-entrainment 二次夹带 04.254
reference condition 参比条件 05.216

reference state 参比态，* 参考态 02.073
reflectivity 反射率 03.254
reflux ratio 回流比 03.384
refrigeration cycle 制冷循环 02.104
regeneration 再生 04.114
regenerator 再生器 04.296
regression analysis 回归分析 07.048
regular solution 正规溶液 02.159
relative humidity 相对湿度 03.039
relative volatility 相对挥发度 03.364
relaxation method 松弛法，* 弛豫法 05.068
reliability 可靠性 05.226
renewable resources 可再生资源 06.072
research and development 研究与开发 01.061
residence time 停留时间 04.172
residence time distribution 停留时间分布 04.173
residence time distribution density function 停留时间分布密度函数 04.174
residual analysis 残差分析 07.058
residual contribution 残余贡献，* 剩余贡献 02.234
residual enthalpy 残余焓，* 剩余焓 02.228
residual entropy 残余熵，* 剩余熵 02.230
residual error 残差 07.018
residual property 残余性质，* 剩余性质 02.227
residual term 残余项，* 剩余项 02.233
residual volume 残余体积，* 剩余体积 02.229
residue 残液，* 釜液 03.394
resilience 弹性 05.109
resolution 分辨率 07.027
respiratory chain 呼吸链 06.196
retentate 渗余物 03.614
retention 截留，* 保留 06.133
retrograde condensation 逆反冷凝，* 逆反凝缩 02.144
reverse extraction 反萃取 03.493
reverse micelle extraction 反胶团萃取 06.267
reverse osmosis 反渗透 03.588
reversible process 可逆过程 02.020
reversible reaction 可逆反应 04.009
reversible work 可逆功 02.026
Reynolds number 雷诺数 01.081
rheodestruction 流变破坏 03.077
rheological property 流变性质 03.072
rheopexy 震凝性 03.074
ribbon mixer 螺带混合机 03.227
ribonucleic acid 核糖核酸，* RNA 06.011
ribose 核糖 06.010
rich phase 富相 04.247
Rideal mechanism 里迪尔机理 04.124
rigorous method 严格法 05.063
ring roll mill 环滚磨机 03.801
ripple tray 波楞穿流板 03.470
riser 提升管 04.271
RK equation RK 方程 02.135
RNA 核糖核酸，* RNA 06.011
robustness 鲁棒性 05.189
robust process control 鲁棒过程控制 05.208
rod mill 棒磨机 03.797
ROI 投资收益率 05.241
roll crusher 辊式破碎机 03.792
roll mill 辊式捏合机，* 开炼机，* 辊磨 03.220
root-mean-square error 均方根误差 07.014
Roots blower 罗茨鼓风机 03.163
rotameter 转子流量计 03.135
rotary blower 回转鼓风机 03.164
rotary compressor 回转压缩机 03.172
rotary dryer 回转干燥器 03.527
rotary kiln 回转窑 04.300
rotary pump 回转泵 03.149
rotary vacuum drum filter 转筒真空过滤机 03.740
rotating-basket reactor 旋筐反应器 04.205
rotating disc contactor 转盘塔 03.496
rotating drum dryer 滚筒干燥器 03.530
rotating extractor 旋转萃取器 03.500
rotational partition function 转动配分函数 02.324
roughness 粗糙度 03.088
RTD 停留时间分布 04.173

S

saccharide 糖类 06.014

saccharification 糖化作用 06.074

Saccharomyces cerevisiae 酿酒酵母 06.046

saddle-point azeotropic mixture 鞍点共沸物 02.210

safety factor 安全系数 01.036

saltation velocity 跳跃速度 04.161

salt effect 盐效应 02.235

sampled data control system 采样控制系统 05.203

sand-bed filter 砂滤器 03.736

sand mill 砂磨 03.804

saturation 饱和 03.328

Sauter mean diameter 索特平均直径，* 当量比表面直径 03.628

scale 污垢，* 结垢 03.247

scaled particle theory 定标粒子理论 02.287

scale factor 标度因子 02.289

scale up 放大 01.047

scaling 定标，* 比例换算 07.057

scheduling of production 生产排序 05.177

Schmidt number 施密特数 01.082

SCP 单细胞蛋白 06.097

scraper 刮板 04.218

screen analysis 筛析，* 筛分 03.814

screw mixer 螺杆捏合机 03.221

screw pump 螺杆泵 03.170

scrubbing 洗涤，* 水洗 03.504

secant method 割线法 05.086

secondary metabolism 次级代谢，* 二级代谢 06.194

secondary reaction 二次反应 04.014

second law of thermodynamics 热力学第二定律 02.013

second-order phase transition 二级相变 02.153

second virial coefficient 第二位力系数，* 第二维里系数 02.245

sedigraph 沉降图 03.728

sediment 沉积物 03.720

sedimentation 沉降 03.725

sedimentation centrifuge 沉降离心机 03.762

sedimentometer 沉降[天平]仪 03.655

seed crystal 晶种 03.334

segment 链节，* 线段 02.332

segregation 离析 03.225

selective control 选择性控制 05.202

selectivity 选择性 04.019

selectivity coefficient 选择性系数 03.579

semi-continuous culture 半连续培养 06.161

semi-continuous process 半连续过程 01.022

semi-empirical model 半经验模型 01.040

semi-ideal solution 半理想溶液 02.148

semipermeable membrane 半透膜 06.258

sensitivity analysis 灵敏度分析 05.165

separation efficiency 分离效率 03.696

separation factor 分离因子 03.581

separation sequence 分离序列 05.116

separation sharpness 分离锐度 05.117

sequential design 序贯设计 07.050

sequential modular approach 序贯模块法 05.045

sequential significance test 显著性序贯检验 05.220

serial correlation 序列关联 05.219

serum-free culture 无血清培养 06.167

settled layer 沉积层 03.732

settling 沉降 03.725

shaft work 轴功 02.041

shake-flask culture 摇瓶培养 06.166

shallow bed 浅床 04.239

shape factor 形状系数 03.640

shape selective catalysis 择形催化 04.083

shape selectivity 择形性 04.105

shear stress 剪应力 03.066

shelf dryer 厢式干燥器 03.524

shell-and-tube heat exchanger 管壳换热器，* 列管换热器 03.270

shell [side] pass 壳程 03.286
Sherwood number 舍伍德数 01.083
shortcut method 简捷法 05.062
shrinking core model 缩核模型 04.138
side cooler 中间冷却器 03.381
side heater 中间加热器 03.380
side reaction 副反应 04.013
sieve-bend screen 弧形筛 03.817
sieve diameter 筛孔直径 03.626
sieve tray 筛板 03.461
signal flow diagram 信号流图 05.048
simple distillation *简单蒸馏 03.365
simple reaction 简单反应 04.001
simplex method 单纯形法 05.146
simulated annealing 模拟重结晶法 05.164
simulated moving bed adsorption 模拟移动床吸附 03.561
simulation 模拟，*仿真 01.046
simulator 模拟器 05.100
simultaneous correction method 同时校正法，*SC法 05.070
simultaneous reaction 同时反应 04.007
single cell protein 单细胞蛋白 06.097
single crystal 单晶 03.337
single-phase flow 单相流 03.110
single reaction 单反应 04.002
single screw extruder 单螺杆挤出机 03.222
sintered material 烧结料 03.770
sintering 烧结 04.119
size classification 粒度分级 03.819
size reduction 粉碎，*磨细 03.771
slack variable 松弛变量 05.033
SLE 固液平衡 02.273
sludge 淤泥 03.757
slug flow 节涌流，*弹状流，*团状流 03.116
slugging 节涌，*腾涌 04.227
sluice separation 淘析 03.714
slurry 浆料，*淤浆 03.710
slurry reactor 浆料反应器 04.289
smoke 烟 03.676
Soave RK equation SRK方程 02.136
solid-liquid equilibrium 固液平衡 02.273
solid-liquid separation 固液分离 03.707
solid state fermentation 固态发酵 06.172
solidus 固相线 03.731
solubility 溶解度 03.407
solubility parameter 溶[解]度参数 02.285
solubility product 溶度积 02.283
solute 溶质 03.409
solution 溶液 03.408
solution polymerization 溶液聚合 04.030
solvation 溶剂化 02.292
solvent 溶剂 03.410
solvent extraction 溶剂萃取 03.488
sonic agglomeration 声聚 03.693
space time yield 空时收率 04.022
space velocity 空间速率，*空速 04.021
sparse matrix 稀疏矩阵 05.093
specific activity 比活[力] 06.115
specific consumption rate 比消耗速率 06.184
specific death rate 比死亡速率 06.149
specific growth rate 比生长速率 06.143
specific liquid rate 喷淋密度 03.454
specific maintenance rate 比维持速率 06.183
specific speed 比转速 03.155
specific surface area 比表面积 04.092
sphericity 球形度 03.641
spin flash dryer 旋转闪蒸干燥器 03.532
spiral dryer 螺旋干燥器 03.533
spiral plate heat exchanger 螺旋板换热器 03.273
spiral ring 螺旋环 03.433
spiral-wound module 螺旋卷组件 03.610
spline function 样条函数 05.091
split fraction 分流分率 05.118
splitter 分流器 05.042
spontaneous process 自发过程 02.023
spore 孢子 06.049
spouted bed 喷动床 04.236
spouted bed dryer 喷动床干燥器 03.537
spouted fluidized bed 喷动流化床 04.237
spouting 喷流 04.250
spray column 喷洒塔 03.485
spray density 喷淋密度 03.454
spray dryer 喷雾干燥器 03.536
spray flow 雾状流 03.118

spray scrubber 喷淋洗涤器 03.422
SQP 逐次二次规划 05.134
square-well potential 方阱势 02.299
SRK equation SRK 方程 02.136
stability 稳定性 04.039
stability analysis 稳定性分析 04.040
stable state 稳态，＊稳定状态 01.012
stage-by-stage method 逐级计算法 05.067
stage efficiency 级效率 03.480
staggered tube arrangement 错列管排 03.283
standard equilibrium constant 标准平衡常数 02.206
standard error 标准误差 07.013
standard Gibbs free energy change 标准吉布斯自由能变化 02.076
standard Gibbs free energy of formation 标准生成吉布斯自由能 02.077
standard heat of combustion 标准燃烧热 02.068
standard heat of formation 标准生成热 02.067
standard state 标准态 02.072
standpipe 立管 04.273
Stanton number 斯坦顿数 01.084
starter culture 起子培养 06.076
state variable 状态变量 05.014
static head 静压头 03.093
static method 静态法 02.030
static mixer 静态混合器 03.206
stationary phase 静止期，＊稳定期 06.145
statistical entropy 统计熵 02.327
statistical model 统计模型 01.041
statistical thermodynamics 统计热力学 02.311
statistical weight 统计权重 02.326
steady state 定态，＊稳态，＊定常态 01.016
steady-state approximation 定态近似 01.018
steady-state simulation 定态模拟，＊稳态模拟 05.035
steam distillation 水蒸汽蒸馏 03.398
steam jet ejector 蒸汽喷射泵 03.179
steam stripping 汽提 03.370
Stefan-Boltzmann law 斯特藩－玻耳兹曼定律 03.259
step response 阶跃响应 04.175
sterile operation 无菌操作 06.174
sterilization filter 除菌滤器 06.250
stiff equation 刚性方程 05.094
stirred type crystallizer 搅拌结晶器 03.356
stirrer 搅拌器 03.184
stirring 搅拌 03.183
stochastic control 随机控制 05.204
stochastic model 随机模型 05.007
stochastic process 随机过程 07.032
Stockmeyer potential 斯托克迈尔势 02.301
stoichiometric ratio 化学计量比 01.060
Stokes diameter 斯托克斯直径 03.629
strain 菌株 06.031
strain energy 应变能 03.780
stratified flow 分层流 03.114
stream 物流 01.025，流股 05.041
streamline 流线 03.081
streamline flow 层流，＊滞流 03.082
stress concentration 应力集中 03.779
stripping 提馏 03.369，解吸 03.412，反萃取 03.493
stripping factor 解吸因子 03.416
stripping section 提馏段 03.392
structured packing 整装填料，＊规整填料 03.427
STY 空时收率 04.022
substrate 底物，＊基质 06.119
substrate inhibition 底物抑制 06.128
substrate maintenance constant 底物维持常数 06.182
substrate yield coefficient 底物收率系数 06.186
subsystem 子系统 05.002
successive approximation 逐次逼近 05.163
successive quadratic programming 逐次二次规划 05.134
sudden contraction 骤缩，＊突然缩小 03.106
sudden enlargement 骤扩，＊突然扩大 03.105
sum of the squares of errors 误差平方和 07.020
sum-rates method 流率加和法，＊SR 法 05.069
supercooling 过冷 03.330
supercritical fluid extraction 超临界[流体]萃取 03.513
superheating 过热 03.331
supernatant 上清液 06.229
supersaturation 过饱和 03.329

superstructure 超结构 05.128
supported liquid membrane 支撑液膜 06.256
supporter 载体 04.106
supporting plate 填料支承板 03.458
surface aerator 表面曝气器 03.212
surface area fraction 表面积分率 02.255
surface concentration 表面浓度 02.338
surface diffusion 表面扩散 04.095
surface energy 表面能 02.339
surface poisoning 表面中毒 04.110
surface reaction control 表面反应控制 04.130
surface renewal theory 表面更新理论 03.020
surface tension 表面张力 02.334
surface work 表面功 02.344
surge 喘振 03.177
surge tank 缓冲罐 03.176
surroundings [热力学]环境 02.008
suspension 悬浮液 03.208, 悬浮 03.209
suspension cell 悬浮细胞 06.180
suspension polymerization 悬浮聚合 04.032
suspensoid 悬浮体 03.709
Sutherland potential 萨瑟兰势 02.300
SV 空间速率，*空速 04.021
Swenson-Walker crystallizer 刮刀连续结晶槽 03.357
symmetric convention normalization 对称归一[化] 02.256
symmetric membrane 对称膜 03.601
system 系统，*体系 02.001

T

tabletting 压片 03.821
tank crystallizer 槽式结晶器 03.353
tanks-in-series model 多釜串联模型 04.166
tap density 振实密度，*夯实密度 03.636
TDH [输送]分离高度 04.255
tearing 断开 05.053
tee 三通 03.122
temperature difference 温差 03.239
temperature distribution 温度分布 03.250
temperature gradient 温度梯度 03.245
temperature-humidity chart 温湿图，*T-H图 03.045
temperature profile 温度[分布]剖面[图] 03.251
temperature runaway 飞温 04.043
temperature swing adsorption 变温吸附 03.562
terminal velocity 终端速度 03.670
ternary system 三元系[统]，*三组分系统 02.263
thawing 融化 06.232
theoretical model 理论模型 01.038
theoretical plate 理论[塔]板 03.376
theoretical stage 理论级 03.375
theory of similarity 相似理论 01.049
thermal conductivity 导热系数，*导热率 03.248
thermal diffusion 热扩散 04.191
thermal diffusivity 热扩散系数，*导温系数 03.025
thermal efficiency 热效率 02.081
thermal insulation 隔热，*保温 03.300
thermal precipitation 热沉降 03.692
thermal resistance 热阻 03.246
thermal stability 热稳定性 04.192
thermodynamic analysis of process 过程热力学分析 02.109
thermodynamic characteristic function 热力学特性函数 02.329
thermodynamic consistency test 热力学一致性检验 02.251
thermodynamic efficiency 热力学效率 02.082
thermodynamic equilibrium 热力学平衡 02.017
[thermodynamic] flux [热力学]通量 02.113
[thermodynamic] force [热力学]力 02.114
thermodynamic function 热力学函数 02.016
thermodynamic probability 热力学概率 02.315
thermodynamic property 热力学性质 02.019
thermodynamic temperature 热力学温度 02.018
thermo-economics 热经济学 02.097
thickener 增稠器，*浓密机 03.729

thickness 稠度 03.754
Thiele modulus 蒂勒模数 04.133
thin-film evaporator 薄膜蒸发器 03.316
third law of thermodynamics 热力学第三定律 02.014
third virial coefficient 第三位力系数，* 第三维里系数 02.246
thixotropy 触变性 03.073
three-phase fluidization 三相流态化 03.666
three-phase fluidized bed 三相流化床 04.241
threshold 阈[值] 01.045
throttling process 节流过程 02.043
throughput 通过量，* 产量 04.252
tie line 结线，* 系线 02.260
time series model 时间序列模型 05.008
time value of money 货币的时间价值 05.235
tip speed 桨尖速度 04.216
tissue 组织 06.053
tolerance 容差 05.082
top phase 顶相，* 上相 06.271
tortuosity 曲折因子 04.102
total energy 总能 02.080
total pressure method 总压法 02.232
total reflux 全回流 03.385
T-piece 三通 03.122
tracer 示踪剂 04.171
transfer 传递 03.001
transfer function 传递函数 05.185
transformation 转化 04.016
transient state 暂态，* 瞬态，* 过渡状态 01.015
translational partition function 平动配分函数 02.323
transmissivity 透射率 03.253
transport disengaging height [输送]分离高度 04.255
transport phenomenon 传递现象，* 输运现象 01.009
trap 疏水器，* 汽水分离器 03.324
tray 塔板 03.374
tray column 板式塔 03.425
tray dryer 厢式干燥器 03.524
tray efficiency [塔]板效率 03.479
tray spacing 塔板间距 03.471
tricarboxylic acid cycle 三羧酸循环 06.192
trickle bed 滴流床，* 涓流床 04.287
tridiagonal matrix 三对角矩阵 05.073
triple point 三相点 02.122
trough 料槽 03.832
true density 真密度 03.633
TSA 变温吸附 03.562
tube bundle 管束 03.278
tube mill 管磨机 03.798
tube sheet 管板 03.279
tube [side] pass 管程 03.285
tubular module 管式组件 03.608
tubular reactor 管式反应器 04.211
tumbler mixer 转鼓混合机 03.226
tumbling mill 滚磨机 03.799
tunnel dryer 隧道干燥器 03.525
turbidity 浊度 03.755
turbidometer 浊度计 03.756
turbine 涡轮 04.215
turbine agitator 涡轮搅拌器 03.197
turbine pump 涡轮泵 03.146
turboblower 涡轮鼓风机 03.165
turbocompressor 涡轮压缩机 03.174
turbogrid tray 穿流栅板 03.464
turbulent flow 湍流，* 紊流 03.083
turbulent fluidized bed 湍动流化床 04.232
turndown ratio [操作]弹性 03.483
tuyere distributor 风帽分布板 04.260
twin screw extruder 双螺杆挤出机 03.223
two-dimensional model 二维模型 04.224
two-film theory 双膜理论 03.018
two-fluid theory 两流体理论 02.156
two-liquid theory * 两液体理论 02.156
two-phase flow 两相流 03.111
two-phase model 两相模型 04.279
two tier approach 双层法，* 联立模块法 05.047
Tyler standard sieve 泰勒标准筛 03.818

U

ultracentrifugation 超速离心 06.244
ultracentrifuge 超速离心机 03.765
ultrafilter 超滤机 03.741
ultrafiltrate 超滤液 06.251
ultrafiltration 超滤 03.591
uncertainty 不确定性 07.024
unconstrained optimization 无约束优化 05.144
underflow 底流，* 下漏 03.722
uniform conversion model 均匀转化模型 04.140
union 活[管]接头 03.124
unit computation 单元计算 05.040
unit operation 单元操作 01.007
unit process 单元过程 01.008
universal quasi-chemical correlation activity coefficient method UNIQUAC 法 02.193
universal quasi-chemical functional group activity coefficient method UNIFAC 法 02.192
unreacted core model 未反应核模型 04.139
unstable state 非稳态 01.013
unsteady state 非定态，* 非稳态 01.017
unsteady state heat transfer 非定态传热 03.249
unsymmetric convention normalization 非对称归一[化] 02.257
uptake 摄取 06.062
U-tube heat exchanger U 形管换热器 03.277

V

vaccine 疫苗 06.088
vacuum crystallization 真空结晶 03.348
vacuum distillation 真空蒸馏，* 减压蒸馏 03.400
vacuum drying 真空干燥 03.540
vacuum filter 真空过滤机 03.737
vacuum pump 真空泵 03.178
van der Waals equation 范德瓦耳斯方程 02.134
vane type blower 叶片式鼓风机 03.166
van Laar equation 范拉尔方程 02.197
van't Hoff's law 范托夫定律 02.224
vaporizer 汽化器 03.296
vapor-liquid equilibrium 汽液平衡 02.274
vapor-liquid equilibrium ratio 汽液平衡比 02.275
vapor phase association 汽相缔合 02.276
variance 方差 07.025
variant 变体 05.214
vat leaching 桶式浸取 03.510
vdW equation 范德瓦耳斯方程 02.134
velocity distribution 速度分布 03.094
velocity profile 速度[分布]剖面[图] 03.095
vena contracta 流颈，* 缩脉 03.107
venture profit 风险利润 05.239
Venturi meter 文丘里流量计 03.133
Venturi scrubber 文丘里洗涤器 03.705
Venturi tube 文丘里管 03.128
vertical sieve tray 垂直筛板 03.466
vibrated fluidized bed 振动流化床 04.231
vibrating screen 振动筛 03.816
vibration partition function 振动配分函数 02.325
virial equation 位力方程，* 维里方程 02.141
virus 病毒 06.038
viscoelastic fluid 粘弹性流体 03.061
viscoplastic fluid 粘塑性流体 03.058
viscosity 粘度 03.068
viscous force 粘性力 03.062
VLE 汽液平衡 02.274
voidage 空隙率 03.455
volumetric efficiency 体积效率 04.208
volumetric flow rate 体积流率，* 体积流量，* 体积流速 03.096
volumetric oxygen transfer coefficient 容积传氧系数，* 体积传氧系数 06.205

volume work 体积功 02.027
volute 蜗壳 03.153
vortex 涡旋 03.084
votator apparatus 套管冷却结晶器 03.359
VST 垂直筛板 03.466

W

wake 尾流，*尾涡 04.267
wall effect 壁效应 04.046
washing 洗涤，*水洗 03.504
washings 洗涤液 03.752
waste heat boiler 废热锅炉 03.292
water hammer 水锤 03.109
wavy flow 波状流 03.115
Weber number 韦伯数 01.085
weeping 漏液 03.478
Wegstein method 韦格斯坦法 05.088
weight 权[重] 07.030
weighted mean 加权平均 07.031
weir height 堰高 03.475
Weisz modulus 韦斯模数 04.134
wet bulb temperature 湿球温度 03.042
wet separation 湿法分离 03.682
wetted perimeter 润湿周边 03.104
wetted surface area 润湿表面积 03.452
wetted wall column 湿壁塔 03.418
Wilson equation 威尔逊方程 02.198
Wohl expansion 沃尔展开式 02.202
worksheet 工作单 05.217
Wulff-Bock crystallizer 摆动连续结晶槽 03.358

Y

Yate's algorithm 耶特算法 05.223
yeast 酵母 06.034
yield 收率 04.018

Z

zeolite catalyst 沸石催化剂 04.084

汉 英 索 引

A

阿伦尼乌斯方程　Arrhenius equation　04.078
阿马加定律　Amagat law　02.118
鞍点共沸物　saddle-point azeotropic mixture　02.210
氨基酸　amino acid　06.007
安全系数　safety factor　01.036
安托万方程　Antoine equation　02.127
* 安托因方程　Antoine equation　02.127
昂萨格倒易关系　Onsager reciprocal relation　02.115
奥斯陆蒸发结晶器　Oslo evaporative crystallizer　03.360

B

八田数　Hatta number　01.074
百叶窗挡板　louver type baffle　04.276
摆动连续结晶槽　Wulff-Bock crystallizer　03.358
板波纹填料　Mellapak packing　03.441
板翅换热器　plate-fin heat exchanger　03.274
板框压滤机　plate-and-frame filter press　03.738
板框组件　plate-and-frame module　03.609
板片搅拌器　blade agitator　03.201
板式换热器　plate [type] heat exchanger　03.272
板式塔　tray column　03.425
板式蒸发器　plate-type evaporator　03.317
半经验模型　semi-empirical model　01.040
半理想溶液　semi-ideal solution　02.148
半连续过程　semi-continuous process　01.022
半连续培养　semi-continuous culture　06.161
半透膜　semipermeable membrane　06.258
棒磨机　rod mill　03.797
胞内酶　intracellular enzyme　06.027
胞腔模型　cell model　02.295
胞外酶　extracellular enzyme　06.026
包埋　entrapment　06.132
孢子　spore　06.049
薄膜蒸发器　thin-film evaporator, Luwa evaporator　03.316
* 保留　retention　06.133
* 保温　thermal insulation　03.300
饱和　saturation　03.328
鲍尔环　Pall ring　03.429
爆聚[合]　explosive polymerization　04.034
倍增时间　doubling time　06.151
备择假设　alternative hypothesis　05.222
本森系数　Benson's solubility coefficient　03.411
本体聚合　bulk polymerization　04.029
本体相　bulk phase　02.336
本征动力学　intrinsic kinetics　04.056
比表面积　specific surface area　04.092
比活[力]　specific activity　06.115
比例度　proportional band　05.197
* 比例换算　scaling　07.057
比生长速率　specific growth rate　06.143
比死亡速率　specific death rate　06.149
比维持速率　specific maintenance rate　06.183
比消耗速率　specific consumption rate　06.184
比转速　specific speed　03.155
毕奥数　Biot number　01.066
闭环　closed loop　05.193
闭路　closed circuit　03.786
闭式边界　closed boundary　04.168
闭式容器　closed vessel　04.167
闭锁式料斗　lock hopper　03.830
壁摩擦角　angle of wall friction　03.645
壁效应　wall effect　04.046
边　edge　05.039
边界层　boundary layer　03.085

边界条件　boundary condition　07.043
变动系数　coefficient of variation　03.834
变体　variant　05.214
变温吸附　temperature swing adsorption, TSA　03.562
变形功　deformation work　03.781
变压吸附　pressure swing adsorption, PSA　03.559
标度因子　scale factor　02.289
标准吉布斯自由能变化　standard Gibbs free energy change　02.076
标准平衡常数　standard equilibrium constant　02.206
标准燃烧热　standard heat of combustion　02.068
标准生成吉布斯自由能　standard Gibbs free energy of formation　02.077
标准生成热　standard heat of formation　02.067
标准态　standard state　02.072
标准误差　standard error　07.013
表观活化能　apparent activation energy　04.059
* 表观密度　apparent density　03.634
表观粘度　apparent viscosity　03.069
表观组成　apparent composition　02.237
表面反应控制　surface reaction control　04.130
表面更新理论　surface renewal theory　03.020
表面功　surface work　02.344
表面积分率　surface area fraction　02.255
表面扩散　surface diffusion　04.095
表面能　surface energy　02.339
表面浓度　surface concentration　02.338
表面曝气器　surface aerator　03.212
表面张力　surface tension　02.334
表面中毒　surface poisoning　04.110
* 宾厄姆流体　Bingham fluid　03.057
病毒　virus　06.038
并流　co-current flow　03.242
并行处理　parallel processing　05.029
玻耳兹曼分布　Boltzmann distribution　02.302
玻色-爱因斯坦分布　Bose-Einstein distribution　02.226
波楞穿流板　ripple tray　03.470
波状流　wavy flow　03.115
博登施泰数　Bodenstein number　01.067
伯努利方程　Bernoulli equation　03.078
捕集效率　collection efficiency　03.697
不等式约束　inequality constraint　05.141
不可逆反应　irreversible reaction　04.010
不可逆过程　irreversible process　02.021
* 不可逆过程热力学　non-equilibrium thermodynamics　02.010
不可逆性　irreversibility　02.112
不可行路径法　infeasible path method　05.159
不可压缩流体　incompressible fluid　03.053
不良分布　maldistribution　01.059
不确定型决策　decision making under uncertainty　05.170
不确定性　uncertainty　07.024
布朗扩散　Brownian diffusion　03.687
布罗伊登法　Broyden method　05.089
部分互溶　partial miscibility　02.248

C

采样控制系统　sampled data control system　05.203
参比态　reference state　02.073
参比条件　reference condition　05.216
* 参考态　reference state　02.073
参数泵　parametric pump　03.563
参数估值　parameter estimation　05.012
参数推算　coaptation　07.062
残差　residual error　07.018
残差分析　residual analysis　07.058
残液　residue　03.394
残余贡献　residual contribution　02.234
残余焓　residual enthalpy　02.228
残余熵　residual entropy　02.230
残余体积　residual volume　02.229
残余项　residual term　02.233
残余性质　residual property　02.227
仓式卸料器　bin discharger　03.829
* 藏量　inventory　04.268
操作变量　operational variable　05.213
[操作]弹性　flexibility, turndown ratio　03.483

操作线　operating line　03.383
槽式结晶器　tank crystallizer　03.353
＊侧流　bypass　04.151
测尘器　konimeter　03.706
测定　determination　07.002
测量　measurement　07.001
层流　laminar flow, streamline flow　03.082
层流底层　laminar sub-layer　03.086
差角　angle of difference　03.648
差速离心　differential centrifugation　06.243
掺入　dope　04.109
＊产量　throughput　04.252
产物抑制　product inhibition　06.129
长宽比　aspect ratio　03.639
敞开系统　open system　02.003
超额焓　excess enthalpy　02.171
超额函数　excess function　02.168
超额化学势　excess chemical potential　02.173
超额吉布斯自由能　excess Gibbs free energy　02.169
超额熵　excess entropy　02.172
超额体积　excess volume　02.170
超额性质　excess property　02.167
超结构　superstructure　05.128
超临界[流体]萃取　supercritical fluid extraction　03.513
超滤　ultrafiltration　03.591
超滤机　ultrafilter　03.741
超滤液　ultrafiltrate　06.251
超速离心　ultracentrifugation　06.244
超速离心机　ultracentrifuge　03.765
超吸附　hypersorption　03.560
沉淀聚合　precipitation polymerization　04.033
沉积层　settled layer　03.732
沉积物　sediment　03.720
沉降　sedimentation, settling　03.725
沉降离心机　sedimentation centrifuge　03.762
沉降[天平]仪　sedimentometer　03.655
沉降图　sedigraph　03.728
沉料　jetsam　04.269
陈化　aging　04.112
衬里　lining　03.810
成本关联式　cost correlation　05.232
成本指数　cost index　05.233
成核　nucleation　03.332
成球　balling, prilling　03.823
程序框图　block flow diagram　05.097
澄清　clarification　03.715
澄清过滤器　clarifying filter　03.717
澄清器　clarifier　03.716
持气率　gas holdup　03.457
持液量　liquid holdup　03.456
＊持液率　liquid holdup　03.456
池沸腾　pool boiling　03.267
＊弛豫法　relaxation method　05.068
齿轮泵　gear pump　03.148
翅片管　finned tube　03.281
充分发展流　fully developed flow　03.087
充气　aeration　03.825
充气室　plenum chamber　04.263
充填率　packing fraction　03.813
冲击式破碎机　impact crusher　03.794
＊重沸器　reboiler　03.378
重组　recombination　06.054
重组 DNA　recombinant DNA　06.055
＊抽余液　raffinate　03.490
稠度　consistency, thickness　03.754
初始条件　initial condition　07.044
除菌滤器　sterilization filter　06.250
触变性　thixotropy　03.073
穿流塔板　dual-flow tray　03.463
穿流栅板　turbogrid tray　03.464
穿透点　breakthrough point　03.552
穿透理论　penetration theory　03.019
穿透曲线　breakthrough curve　03.551
传代时间　generation time　06.150
传导　conduction　03.229
传递　transfer　03.001
传递函数　transfer function　05.185
传递现象　transport phenomenon　01.009
传热　heat transfer　03.003
传热单元高度　height of a [heat] transfer unit, HTU　03.029
传热单元数　number of [heat] transfer units, NTU　03.027
传热膜系数　film heat transfer coefficient　03.238

传热速率 heat transfer rate 03.234
*传热j因子 j_H-factor 03.023
传氧速率 oxygen transfer rate 06.206
传氧系数 oxygen transfer coefficient 06.204
传质 mass transfer 03.004
传质单元高度 height of a [mass] transfer unit, HTU 03.028
传质单元数 number of [mass] transfer units, NTU 03.026
传质区 mass transfer zone, MTZ 03.553
传质速率 mass transfer rate 03.005
传质系数 mass transfer coefficient 03.006
*传质j因子 j_D-factor 03.024
喘振 surge 03.177
串级控制 cascade control 05.198
*串级循环 cascade cycle 02.103
床层塌落技术 bed-collapsing technique 04.283
锤式破碎机 hammer crusher 03.793
垂直筛板 vertical sieve tray, VST 03.466
磁力流态化 magneto fluidization 03.665
磁稳流化床 magnetically stabilized fluidized bed 04.233
次级代谢 secondary metabolism 06.194
粗糙度 roughness 03.088
粗颗粒 coarse particle 03.620
催化 catalysis 04.025
催化剂 catalyst 04.026
萃取 extraction 03.486
萃取液 extract 03.489
萃取蒸馏 extractive distillation 03.397
萃余液 raffinate 03.490
脆性物料 brittle material 03.767
存量 inventory 04.268
错臂搅拌器 cross-beam agitator 03.199
错列管排 staggered tube arrangement 03.283
错流 cross flow 03.244

D

达姆科勒数 Damköhler number 01.068
大肠杆菌 *Escherichia coli* 06.044
大孔 macropore 04.086
大气冷凝器 barometric condenser 03.325
大气腿 barometric leg 03.326
大系统 large scale system 05.001
大中取大判据 maximax criterion 05.172
大中取小遗憾判据 minimax-regret criterion 05.174
带式干燥器 belt dryer 03.526
代谢 metabolism 06.188
代谢控制 metabolic control 06.195
代谢速率 metabolic rate 06.193
代谢物 metabolite 06.189
袋滤器 bag filter 03.702
单纯形法 simplex method 05.146
单反应 single reaction 04.002
单分散 monodisperse 04.160
单晶 single crystal 03.337
单克隆抗体 monoclonal antibody 06.090
单螺杆挤出机 single screw extruder 03.222
单细胞蛋白 single cell protein, SCP 06.097
单相流 single-phase flow 03.110
*单向阀 check valve 03.127
单元操作 unit operation 01.007
单元过程 unit process 01.008
单元计算 unit computation 05.040
单组分系统 one-component system 02.174
*弹状流 slug flow 03.116
蛋白酶 protease 06.024
蛋白质分级 protein fractionation 06.219
蛋白质工程 protein engineering 06.004
*当量比表面直径 Sauter mean diameter 03.628
当量长度 equivalent length 03.101
当量直径 equivalent diameter 03.100
挡板 baffle 03.280
导流筒 draft tube 03.205
导流筒挡板结晶器 draft-tube-baffled crystallizer, DTB crystallizer 03.361
*导热率 thermal conductivity 03.248
导热系数 thermal conductivity 03.248
*导温系数 thermal diffusivity 03.025
导向筛板 Linde sieve tray 03.465
道尔顿定律 Dalton's law 03.363

等电沉淀　isoelectric precipitation　06.234
等电点　isoelectric point　06.006
等电点分离　isoelectric separation　06.221
等电聚焦　isoelectric focusing　06.273
等焓过程　isenthalpic process　02.035
等离点　isoionic point　06.005
等[理论]板高度　height equivalent of a theoretical plate, HETP　03.388
等摩尔逆向扩散　equimolar counter diffusion　03.015
等容过程　isochoric process, isometric process　02.034
等容热容　heat capacity at constant volume　02.038
等熵过程　isentropic process　02.036
等熵效率　isentropic efficiency　02.101
等式约束　equality constraint　05.140
等温过程　isothermal process　02.032
等效自由沉降直径　equivalent free-falling diameter　03.630
等压过程　isobaric process, isopiestic process　02.033
等压热容　heat capacity at constant pressure　02.037
[低]共熔点　eutectic point　02.124
[低]共熔物　eutectic mixture　02.125
* 低聚糖　oligosaccharide　06.015
低温沉淀　cryoprecipitation　06.233
低温菌　psychrophile　06.036
滴流床　trickle bed　04.287
滴状冷凝　dropwise condensation　03.263
狄拉克函数　Dirac function　07.061
底流　underflow　03.722
底物　substrate　06.119
底物收率系数　substrate yield coefficient　06.186
底物维持常数　substrate maintenance constant　06.182
底物抑制　substrate inhibition　06.128
底相　bottom phase　06.272
蒂勒模数　Thiele modulus　04.133
* 第二维里系数　second virial coefficient　02.245
第二位力系数　second virial coefficient　02.245
* 第三维里系数　third virial coefficient　02.246
第三位力系数　third virial coefficient　02.246
递阶控制　hierarchical control　05.199
缔合溶液模型　associated solution model　02.194
点效率　point efficiency　03.481
* 电除尘器　electrostatic precipitator　03.704
电化学反应器　electrochemical reactor　04.295
电毛细管现象　electrocapillarity　06.291
电亲和性　electroaffinity　06.290
电色谱　electrochromatography　06.292
电渗　electroosmosis　06.263
电渗析　electrodialysis　03.596
电泳　electrophoresis　06.275
电子配分函数　electronic partition function　02.307
淀粉酶　amylase　06.020
淀粉水解　amylolysis　06.075
迭代法　iterative method　07.037
顶相　top phase　06.271
定标　scaling　07.057
定标粒子理论　scaled particle theory　02.287
* 定常态　steady state　01.016
定态　steady state　01.016
定态近似　steady-state approximation　01.018
定态模拟　steady-state simulation　05.035
定域粒子系集　assembly of localized particles　02.305
动力粘度　dynamic viscosity　03.070
动力学控制　kinetic control　04.129
动量传递　momentum transfer　03.002
动量传递系数　momentum transfer coefficient　04.158
动态规划　dynamic programming　05.132
动态模拟　dynamic simulation　05.036
动压头　kinetic head　03.092
毒物　poison　04.107
独立粒子系集　assembly of independent particles　02.308
独立失活　independent deactivation　04.117
杜安－马居尔方程　Duhem-Margules equation　02.176
断开　tearing　05.053
堆[积]浸[取]　heap and dump leaching　03.509
堆密度　bulk density　03.635
对比饱和蒸汽压　reduced saturated vapor pressure　02.163

* 对比态原理　principle of corresponding state　02.162
对比温度　reduced temperature　02.161
对比压力　reduced pressure　02.160
对称归一[化]　symmetric convention normalization　02.256
对称膜　symmetric membrane　03.601
对流　convection　03.230
对流流动模型　convection flow model　04.183
对偶[性]　duality　05.147
对数平均温差　logarithmic mean temperature difference　03.240
对数生长期　logarithmic phase　06.146
对应态原理　principle of corresponding state　02.162
多变过程　polytropic process　02.024
多层次优化法　multilevel method of optimization　05.145
多重反应　multiple reaction　04.004
多重态　multiplicity, multiplet　04.044
多重稳态　multiple stability　04.045
* 多方过程　polytropic process　02.024
多釜串联模型　tanks-in-series model　04.166
多功能酶　multifunctional enzyme　06.022
多级流化床　multistage fluidized bed　04.240
多级压缩机　multistage compressor　03.175
多降液管塔板　multidowncomer tray, MD tray　03.467
多孔板　perforated plate　04.261
多孔介质　porous medium　04.201
多孔膜　porous membrane　03.597
多流体理论　poly-fluid theory　02.157
多目标规划　multi-objective programming　05.136
多区模型　multi-region model　04.280
多室离心机　multichamber centrifuge　03.763
多室流动模型　compartment flow model　04.182
多糖　polysaccharide　06.016
多相流　multiphase flow　03.112
多效蒸发　multiple-effect evaporation　03.320
多元混合物　multicomponent mixture　03.390
多元系[统]　multicomponent system　02.258
* 多组分混合物　multicomponent mixture　03.390
* 多组分系统　multicomponent system　02.258

E

颚式破碎机　jaw crusher　03.789
二次反应　secondary reaction　04.014
二次夹带　re-entrainment　04.254
* 二级代谢　secondary metabolism　06.194
二级相变　second-order phase transition　02.153
二维模型　two-dimensional model　04.224
二元混合物　binary mixture　03.389
二元系[统]　binary system　02.262
* 二组分系统　binary system　02.262

F

发酵　fermentation　06.170
发酵罐　fermenter　06.212
发散　divergence　07.029
发射率　emissivity　03.255
发射能力　emissive power　03.256
ASOG 法　analytical solution of group contribution method　02.191
* SC 法　simultaneous correction method　05.070
* SR 法　sum-rates method　05.069
UNIFAC 法　universal quasi-chemical functional group activity coefficient method　02.192
UNIQUAC 法　universal quasi-chemical correlation activity coefficient method　02.193
罚函数　penalty function　05.160
反萃取　reverse extraction, stripping　03.493
反荷离子　counter ion　03.573
反胶团萃取　reverse micelle extraction　06.267
反馈控制　feedback control　05.194
反凝胶萃取　antigelation extraction　06.268
反射率　reflectivity　03.254

反渗透　reverse osmosis　03.588
反洗　backflushing　03.748
反向传播算法　back-propagation algorithm　05.027
＊反絮凝　deflocculation　06.238
＊反应程度　extent of reaction　04.052
反应动力学　reaction kinetics　04.054
反应釜　reaction kettle　04.210
反应机理　reaction mechanism　04.047
反应级数　reaction order　04.050
反应进度　extent of reaction　04.052
反应器　reactor　04.202
反应器网络　reactor network　05.119
反应热　heat of reaction　02.267
反应速率　reaction rate　04.051
反应速率常数　reaction rate constant　04.055
反应途径　reaction path　04.048
反应网络　reaction network　04.049
反应蒸馏　distillation with chemical reaction　03.401
返混　backmixing　04.162
范德瓦耳斯方程　van der Waals equation, vdW equation　02.134
范拉尔方程　van Laar equation　02.197
范托夫定律　van't Hoff's law　02.224
泛点　flooding point　03.445
泛点速度　flooding velocity　03.448
方差　variance　07.025
BET 方程　Brunauer-Emmett-Teller equation, BET equation　03.556
BWR 方程　Benedict-Webb-Rubin equation, BWR equation　02.138
DR 方程　Dubinin-Radushkerich equation　03.558
LK 方程　Lee-Kesler equation, LK equation　02.139
NRTL 方程　non-random two-liquid equation, NRTL equation　02.199
PR 方程　Peng-Robinson equation, PR equation　02.137
RK 方程　Redlich-Kwong equation, RK equation　02.135
SRK 方程　Soave RK equation, SRK equation　02.136
MESH 方程组　equations of material balance/equilibrium/fraction summation/enthalpy balance, MESH equations　05.066
＊方块图　block diagram　05.037
方阱势　square-well potential　02.299
＊仿真　simulation　01.046
放大　scale up　01.047
放热反应　exothermic reaction　04.012
放线菌　actinomycete　06.035
菲克定律　Fick's law　03.014
非等温吸收　non-isothermal absorption　03.414
非定态　unsteady state　01.017
非定态传热　unsteady state heat transfer　03.249
非定域粒子系集　assembly of non-localized particles　02.310
非独立粒子系集　assembly of interacting particles　02.309
非对称归一[化]　unsymmetric convention normalization　02.257
非对称膜　asymmetric membrane　03.602
非多孔膜　nonporous membrane　03.598
非均相催化　heterogeneous catalysis　04.082
非均相反应　heterogeneous reaction　04.064
非均相系统　heterogeneous system　02.281
非均匀表面　heterogeneous surface　04.094
非理想流动　nonideal flow　04.145
非牛顿流体　non-Newtonian fluid　03.055
非平衡级模型　non-equilibrium stage model　05.077
非平衡热力学　non-equilibrium thermodynamics　02.010
非平衡系统　non-equilibrium system　02.110
非亲和吸附　non-affinity adsorption　06.265
＊非随机两液体方程　non-random two-liquid equation, NRTL equation　02.199
非稳态　unstable state　01.013
＊非稳态　unsteady state　01.017
非线性规划　nonlinear programming　05.131
非自发过程　non-spontaneous process　02.178
斐波那契搜索法　Fibonacci search method　05.155
飞温　temperature runaway　04.043
废热锅炉　waste heat boiler　03.292
沸点升高　boiling point elevation, boiling point rise　02.225

沸石催化剂　zeolite catalyst　04.084
费米－狄拉克分布　Fermi-Dirac distribution　02.231
芬斯克方程　Fenske's equation　03.387
* 芬斯克填料　Fenske packing　03.438
分辨率　resolution　07.027
分布板　distribution plate　03.459
分布参数模型　distributed parameter model　04.042
分步结晶　fractional crystallization　03.347
分层流　stratified flow　03.114
分叉　bifurcation　01.044
分隔　partitioning　05.052
分级器　classifier　03.820
分级效率　fractional efficiency　03.698
分解　decomposition　05.051
分解－协调法　decomposition-coordination method　05.200
分界表面　dividing surface　02.337
* 分离空间　freeboard　04.258
分离锐度　separation sharpness　05.117
分离效率　separation efficiency　03.696
分离序列　separation sequence　05.116
分离因子　separation factor　03.581
分馏　fractionation　03.368
分流分率　split fraction　05.118
分流器　splitter　05.042
分凝器　partial condenser　03.379
分配比　distribution ratio　03.580
分配定律　distribution law　02.265
分配系数　distribution coefficient　02.264
* 分批过程　batch process　01.023
* 分批浸取器　batch extractor　03.505
分批培养　batch culture　06.158
* 分批蒸馏　batch distillation　03.373
分散　dispersion　03.210
分散流　dispersed flow　03.119
分散磨　dispersion mill　03.808
分散相　dispersed phase　02.213
分析型　analysis mode　05.064
* 分支　bifurcation　01.044
分支定界法　branch and bound method　05.127
分子参数　molecular parameter　02.313
分子动态法　molecular dynamic method, MD　02.297
分子间力　intermolecular force　02.288
分子扩散　molecular diffusion　03.009
分子扩散系数　molecular diffusivity　03.010
分子量分布　molecular weight distribution, MWD　04.036
分子模拟　molecular simulation　02.298
分子配分函数　molecular partition function　02.314
分子热力学　molecular thermodynamics　02.312
分子筛　molecular sieve　04.085
分子蒸馏　molecular distillation　03.399
粉尘　dust　03.673
粉磨机　pulverizer　03.805
粉碎　size reduction　03.771
粉[体]　powder　03.619
* 粉体工程　powder technology　03.617
粉体技术　powder technology　03.617
粉体密度　powder density　03.632
封闭系统　closed system　02.004
风帽分布板　tuyere distributor　04.260
风速计　anemometer　03.138
风险利润　venture profit　05.239
风险型决策　decision making under risk　05.169
辐射　radiation　03.233
辐射强度　radiation intensity　03.260
浮阀板　floating valve tray　03.462
浮料　floatsam　04.270
浮头换热器　floating head heat exchanger　03.276
浮选　flotation　03.713
弗劳德数　Froude number　01.071
弗罗因德利希方程　Freundlich equation　03.557
弗洛里－哈金斯理论　Flory-Huggins theory　02.195
辅酶　coenzyme　06.028
辅因子　cofactor　06.029
* 釜液　residue　03.394
副产物　by-product　01.031
副反应　side reaction　04.013
覆盖率　fraction of coverage　04.099
复合反应器　compound reactor　04.294
复合膜　composite membrane　03.604
复合形法　complex method　05.152
复杂反应　complex reaction　04.003

傅里叶数　Fourier number　01.070
富集　enrichment　03.753
富集培养　enrichment culture　06.164
富相　rich phase　04.247

G

*盖斯定律　Hess's law　02.048
干扰素　interferon　06.095
干热灭菌　dry heat sterilization　06.175
干燥　drying　03.514
干燥曲线　drying curve　03.521
干燥速率　drying rate　03.520
刚性方程　stiff equation　05.094
高径比　aspect ratio　04.209
高密度培养　high-density culture　06.163
高斯消元法　Gaussian elimination　05.074
*高压釜　autoclave　04.297
高压匀浆器　high-pressure homogenizer　06.231
割线法　secant method　05.086
格拉斯霍夫数　Grashof number　01.073
格雷茨数　Graetz number　01.072
*格子理论　lattice theory　02.190
隔离系统　isolated system　02.002
隔膜泵　diaphragm pump　03.150
隔热　thermal insulation　03.300
隔热层　lagging　03.301
各向同性　isotropy　04.152
各向异性　anisotropy　04.153
*各向异性膜　anisotropic membrane　03.602
工业色谱[法]　process-scale chromatography　03.567
工作单　worksheet　05.217
功率数　power number　03.194
供氧　oxygen supply　06.201
共萃取　coextraction　03.492
共存方程　coexistence equation　02.177
共轭溶液　conjugate solution　02.259
共轭相　conjugate phase　02.261
共沸物　azeotrope　02.209
共沸蒸馏　azeotropic distillation　03.396
共离子　co-ion　03.574
共溶点　plait point　03.491
沟流　channelling　03.451
*构型配分函数　configurational partition function　02.304
*构型性质　configurational property　02.286
*估算　estimation　07.008
估值　estimation　07.008
*孤立系统　isolated system　02.002
鼓风机　blower　03.162
鼓泡　bubbling　04.219
鼓泡流化床　bubbling fluidized bed　04.229
鼓泡流态化　bubbling fluidization　03.663
鼓泡塔　bubble column　03.484
古伊-斯托多拉定理　Gouy-Stodola theorem　02.092
故障形式和影响分析　failure mode and effect analysis　05.229
故障诊断　fault diagnosis, failure diagnosis　05.211
固氮菌　azotobacteria　06.043
固氮[作用]　nitrogen fixation, azotification　06.103
固定床反应器　fixed bed reactor　04.284
固定管板换热器　fixed tube-sheet heat exchanger　03.275
固定化技术　immobilization technology　06.130
固定化酶　immobilized enzyme　06.131
固定化酶反应器　immobilized enzyme reactor　06.209
固定化细胞反应器　immobilized cell reactor　06.210
固态发酵　solid state fermentation　06.172
*固相化技术　immobilization technology　06.130
固相线　solidus　03.731
固液分离　solid-liquid separation　03.707
固液平衡　solid-liquid equilibrium, SLE　02.273
刮板　scraper　04.218
刮铲角　angle of spatula　03.650
刮刀连续结晶槽　Swenson-Walker crystallizer　03.357
寡糖　oligosaccharide　06.015
关键路径法　critical path method, CPM　05.178
关键组分　key component　01.030

关联　correlation　07.005
关联矩阵　incidence matrix　05.054
＊关联式　correlation　07.005
关联因子　correlation factor　07.049
管板　tube sheet　03.279
管程　tube [side] pass　03.285
管件　pipe fitting　03.120
管壳换热器　shell-and-tube heat exchanger　03.270
管路混合器　line mixer, in-line mixer　03.207
管路网络　pipeline network　05.120
管磨机　tube mill　03.798
管式反应器　tubular reactor　04.211
管式组件　tubular module　03.608
管束　tube bundle　03.278
惯性分离　inertial separation　03.681
惯性力　inertia force　03.063
惯性碰撞　inertial impaction　03.684
灌注培养　perfusion culture　06.162
光呼吸　photorespiration　06.197
广度性质　extensive property　02.005
广义流态化　generalized fluidization　03.660
＊规整填料　structured packing　03.427
归一化　normalization　07.006
＊辊磨　roll mill　03.220
辊式捏合机　roll mill　03.220
辊式破碎机　roll crusher　03.792
滚磨机　tumbling mill　03.799
滚筒干燥器　rotating drum dryer　03.530
过饱和　supersaturation　03.329
过程　process　01.020
过程辨识　process identification　05.186
过程动态[学]　process dynamics　05.184
过程分析　process analysis　05.004
＊过程合成　process synthesis　05.101
过程集成　process integration　05.104
过程开发　process development　01.062
过程模拟　process simulation　05.034
过程评价　process evaluation　05.231
过程热力学分析　thermodynamic analysis of process　02.109
过程系统工程　process system engineering　01.005
过程优化　process optimization　05.137
过程综合　process synthesis　05.101
＊过渡状态　transient state　01.015
过冷　supercooling　03.330
＊过量焓　excess enthalpy　02.171
＊过量函数　excess function　02.168
＊过量化学势　excess chemical potential　02.173
＊过量吉布斯自由能　excess Gibbs free energy　02.169
＊过量熵　excess entropy　02.172
＊过量体积　excess volume　02.170
＊过量性质　excess property　02.167
过滤　filtration　03.733
过滤除菌　filtration sterilization　06.249
过滤介质　filtration medium　03.734
过热　superheating　03.331
＊过筛　mesh screening　03.815
过失误差　gross error　07.016
过失误差检出　gross error identification　07.017

H

亥姆霍兹自由能　Helmholtz free energy　02.070
含尘量　dustiness　03.694
含尘气体　dust-laden gas　03.695
焓　enthalpy　02.046
焓浓图　enthalpy-concentration diagram　02.051
焓熵图　enthalpy-entropy diagram　02.049
焓湿图　enthalpy-humidity chart　03.046
＊夯实密度　tap density　03.636
＊好气细菌　aerobic bacteria　06.041
好氧培养　aerobic culture　06.168
好氧细菌　aerobic bacteria　06.041
耗氧速率　oxygen consumption rate　06.203
荷电膜　charged membrane　06.255
核酸　nucleic acid　06.008
核糖　ribose　06.010
核糖核酸　ribonucleic acid, RNA　06.011
核苷　nucleoside　06.013
核苷酸　nucleotide　06.009
赫斯定律　Hess's law　02.048
黑体　black body　03.257

黑箱模型 black-box model 05.009
亨利定律 Henry's law 02.155
横向混合 lateral mixing 04.163
* 恒沸物 azeotrope 02.209
* 恒沸蒸馏 azeotropic distillation 03.396
恒化器 chemostat 06.211
恒速干燥[阶]段 constant rate drying period 03.522
宏观动力学 macrokinetics 04.057
宏观混合 macromixing 04.189
宏观流体 macrofluid 04.190
红外干燥 infrared drying 03.538
* 后处理 downstream processing 06.214
呼吸链 respiratory chain 06.196
弧鞍填料 Berl saddle 03.431
弧形筛 sieve-bend screen 03.817
滑动角 angle of slide 03.646
化工热力学 chemical engineering thermodynamics 01.003
* 化工系统工程 process system engineering 01.005
化学反应工程 chemical reaction engineering 01.004
化学工程 chemical engineering 01.001
化学工程学 chemical engineering science 01.002
化学计量比 stoichiometric ratio 01.060
化学平衡 chemical equilibrium 02.204
化学气相沉积 chemical vapor deposition, CVD 04.298
化学势 chemical potential 02.158
* 化学位 chemical potential 02.158
化学吸附 chemisorption 03.545
化学吸收 chemical absorption 03.404
化学需氧量 chemical oxygen demand, COD 06.199
化学㶲 chemical exergy 02.094
化学振荡 chemical oscillation 04.062
环滚磨机 ring roll mill 03.801
环境态 environmental state 02.075
环流 circulation 04.150
环流反应器 loop reactor, circulating reactor 04.290
环路 loop 05.050
环状流 annular flow 03.117
缓冲罐 surge tank, buffer tank 03.176
换热 heat exchange 03.268
换热器 heat exchanger 03.269
换热器网络 heat exchanger network 05.111
黄金分割法 golden section method 05.154
灰色系统 gray system 05.003
灰体 gray body 03.258
回归分析 regression analysis 07.048
回流比 reflux ratio 03.384
* 回路 loop 05.050
回收[率] recovery 03.395
回转泵 rotary pump 03.149
回转干燥器 rotary dryer 03.527
回转鼓风机 rotary blower 03.164
回转破碎机 gyratory crusher 03.790
回转压缩机 rotary compressor 03.172
回转窑 rotary kiln 04.300
混合 mixing 03.181
混合长 mixing length 03.013
* 混合沉降器 mixer-settlers 03.498
混合程度 degree of mixing 03.190
混合澄清器 mixer-settlers 03.498
混合度 mixedness 03.224
混合规则 mixing rule 02.238
混合器 mixer 03.182
* H－N 混合器 Hosokawa-Nauta mixer 03.228
混合热 heat of mixing 02.062
混合时间 mixing time 03.187
混合速率 mixing rate 03.188
混合整数非线性规划 mixed integer nonlinear programming, MINLP 05.135
混合指数 mixing index 03.189
混流泵 mixed flow pump 03.145
混流器 mixer 05.043
活度 activity 02.221
活度系数 activity coefficient 02.222
活[管]接头 union 03.124
活化能 activation energy 04.058
活塞泵 piston pump 03.142
* 活塞流 plug flow 04.147
活性 activity 04.096
活性部位 active site 04.097

活性分布　activity distribution　04.100
活性干酵母　active dry yeast　06.083
活性校正因子　activity correction factor　04.101
活性衰减　decay of activity　04.115
活性污泥　activated sludge　06.098
活性中心　active center　04.098
货币的时间价值　time value of money　05.235

J

基尔霍夫定律　Kirchhoff's law　02.240
基团活度系数　group activity coefficient　02.249
基因　gene　06.058
基因工程　genetic engineering　06.059
基因工程细胞　genetically engineered cell　06.060
＊基质　substrate　06.119
机械分离　mechanical separation　03.678
积分反应器　integral reactor　04.204
积分检验[法]　integral test　02.252
积分溶解热　integral heat of solution　02.182
激素　hormone　06.087
吉布斯－杜安方程　Gibbs-Duhem equation　02.175
吉布斯自由能　Gibbs free energy　02.071
极化　polarization　02.278
极化率　polarizability　02.279
极化因子　polarization factor　02.277
集尘器　dust collector　03.700
集成　integration　05.103
集散控制系统　distributed control system, DCS　05.207
集总参数模型　lumped parameter model　04.041
集总动力学　lumping kinetics　04.122
级联反应器　cascade reactor　04.207
级联循环　cascade cycle　02.103
级效率　stage efficiency　03.480
＊挤出　expression　03.758
计量泵　metering pump　03.151
计算机辅助工程　computer aided engineering, CAE　05.108
计算机辅助过程设计　computer aided process design, CAPD　05.107
夹带速度　entrainment velocity　03.671
夹点　pinch point　05.115
夹点技术　pinch technology　05.114
夹套　jacket　03.287
加权平均　weighted mean　07.031
加速收敛　convergence acceleration　05.084
加压釜　autoclave　04.297
加压灭菌器　autoclave　06.176
加压叶滤机　pressure leaf filter　03.739
假塑性　pseudo-plasticity　03.076
假塑性流体　pseudo-plastic fluid　03.059
间歇过程　batch process　01.023
间歇浸取器　batch extractor　03.505
间歇蒸馏　batch distillation　03.373
检错　debug　05.099
简单反应　simple reaction　04.001
＊简单蒸馏　simple distillation　03.365
简捷法　shortcut method　05.062
剪应力　shear stress　03.066
减湿　dehumidification　03.038
＊减压蒸馏　vacuum distillation　03.400
渐进转化模型　progressive conversion model　04.141
＊建立模型　modeling　01.042
建模　modeling　01.042
将来值　future value　05.238
浆料　slurry, pulp　03.710
浆料反应器　slurry reactor　04.289
桨尖速度　tip speed　04.216
桨式搅拌器　paddle agitator　03.196
降膜蒸发器　falling-film evaporator　03.314
降速干燥[阶]段　falling rate drying period　03.523
降液管　downcomer　03.472
降液管液柱高度　downcomer backup　03.473
焦耳－汤姆孙系数　Joule-Thomson coefficient　02.107
焦耳－汤姆孙效应　Joule-Thomson effect　02.106
胶囊化　encapsulation　06.136
胶体包埋　gel entrapment　06.138
胶体磨　colloid mill　03.807
胶原　collagen　06.093

* 交叉系数 cross coefficient 02.123
交互作用系数 interaction coefficient 02.123
交换能 exchange energy 02.306
搅拌 agitation, stirring 03.183
搅拌槽 agitated vessel 03.192
搅拌结晶器 stirred type crystallizer 03.356
[搅拌]流量数 flow number 03.193
搅拌器 agitator, stirrer 03.184
搅浆机 change-can mixer 03.215
角系数 angle factor 03.261
校正 correction 07.004
校准 calibration 07.003
酵母 yeast 06.034
接触角 contact angle 03.778
接触时间 contact time 04.024
接种 inoculation 06.177
阶梯环 cascade ring 03.430
阶跃响应 step response 04.175
截留 retention 06.133
截止阀 globe valve 03.125
节点 node 05.038
节流过程 throttling process 02.043
节涌 slugging 04.227
节涌流 slug flow 03.116
* 结垢 scale, fouling 03.247
结合水分 bound moisture 03.519
结焦 coking 04.120
结晶 crystallization 03.327
* DTB 结晶器 draft-tube-baffled crystallizer, DTB crystallizer 03.361
结晶热 heat of crystallization 03.341
结晶速率 crystallization rate 03.342
结晶蒸发器 crystallizing evaporator 03.354
结块 caking 03.349
* 结炭 coking 04.120
结线 tie line 02.260
解离吸附 dissociative adsorption 04.104
解吸 desorption, stripping 03.412
解吸因子 desorption factor, stripping factor 03.416
解絮凝 deflocculation 06.238
* 界面相 dividing surface 02.337
界面张力 interfacial tension 02.335
* 介稳区 metastable region 03.335
* 介稳态 metastable state 01.014
介质 medium 01.033
紧凑型换热器 compact heat exchanger 03.284
进料 feed 01.029
近似法 approximate method 05.061
浸滤 lixiviation 03.502
浸没表面 immersed surface 04.272
浸没燃烧蒸发器 evaporator with submerged combustion 03.305
* 浸泡 dipping, infusion 03.503
浸取 leaching 03.501
浸润 imbibition 03.691
浸提物 educt 06.228
浸渍 dipping, infusion 03.503
晶格理论 lattice theory 02.190
晶核 crystal nucleus 03.333
* 晶核生成 nucleation 03.332
晶浆 magma 03.339
晶面 crystal face 03.345
晶体 crystal 03.336
晶体粒度 crystal size 03.346
晶体生长 crystal growth 03.340
晶体习性 crystal habit 03.343
晶习改性 crystal habit modification 03.344
晶种 seed crystal 03.334
精馏 rectification 03.367
精馏段 rectification section 03.391
精[密]度 precision 07.023
精制 polishing 06.226
经典流态化 classical fluidization 03.659
经济寿命 economic life 05.244
经验法则 empirical rule 01.050
经验模型 empirical model 01.039
经验式 empirical formula 07.033
静电沉降器 electrostatic precipitator 03.704
静电分离 electrostatic separation 03.683
静电吸引 electrostatic attraction 03.688
静态法 static method 02.030
静态混合器 static mixer 03.206
静压头 static head 03.093
静止期 stationary phase 06.145
径向反应器 radial flow reactor 04.291

径向分布函数　radial distribution function　02.303
竞争吸附　competitive adsorption　04.103
*净化指数　decontamination factor, DF　03.699
净现值　net present value, NPV　05.237
*净正吸压头　net positive suction head, NPSH　03.159
局部平衡　local equilibrium　02.111
局部组成　local composition　02.201
局部最优[值]　local optimum　05.167
矩　moment　07.059
矩鞍填料　Intalox saddle　03.432
聚并　coalescence　04.186
聚合度　degree of polymerization　04.035
聚式流态化　aggregative fluidization　03.662
巨正则配分函数　grand-canonical partition function　02.320
巨正则系综　grand-canonical ensemble　02.319
*涓流床　trickle bed　04.287
卷积　convolution　07.060
决策　decision making　05.168
决策变量　decision variable　05.031
决策树　decision tree　05.171
绝对熵　absolute entropy　02.328
绝热饱和温度　adiabatic saturation temperature　03.043
绝热过程　adiabatic process　02.028
绝热温升　adiabatic temperature rise　04.220
均方根误差　root-mean-square error　07.014
均相催化　homogeneous catalysis　04.081
均相反应　homogeneous reaction　04.063
均相系统　homogeneous system　02.280
均匀表面　homogeneous surface　04.093
均匀中毒　homogeneous poisoning　04.111
均匀转化模型　uniform conversion model　04.140
均质膜　homogeneous membrane　03.600
菌株　strain　06.031

K

卡诺循环　Carnot cycle　02.098
开环　open loop　05.192
*开角　angle of release　03.651
*开炼机　roll mill　03.220
开路　open circuit　03.785
开式边界　open boundary　04.170
开式容器　open vessel　04.169
*抗菌素　antibiotics　06.078
抗凝剂　anticoagulant agent　06.239
抗凝效应　anticoagulant effect　06.240
抗生素　antibiotics　06.078
抗体　antibody　06.091
抗原　antigen　06.092
颗粒　particle　03.618
颗粒层过滤器　granular-bed filter　03.703
颗粒簇　cluster of particle　04.277
颗粒密度　particle density　03.631
颗粒群　particle swarm　03.622
颗粒形状　particle shape　03.638
颗粒学　particuology　03.615
科尔莫戈罗夫尺度　Kolmogorov's scale　04.156
壳程　shell [side] pass　03.286
可观测性　observability　05.187
可及矩阵　reachability matrix　05.057
可靠性　reliability　05.226
可控性　controllability　05.188
可逆反应　reversible reaction　04.009
可逆功　reversible work　02.026
可逆过程　reversible process　02.020
可调参数　adjustable parameter　07.042
可调节权　adjustable weight　05.028
可行路径法　feasible path method　05.158
可行域　feasible region　05.162
可压缩流体　compressible fluid　03.052
*可用能　exergy, availability　02.083
可再生资源　renewable resources　06.072
*克-克方程　Clapeyron-Clausius equation　02.064
克拉珀龙-克劳修斯方程　Clapeyron-Clausius equation　02.064
克劳修斯不等式　Clausius inequality　02.065
克隆　clone　06.061
克伦舍尔图　Kremser's diagram　03.417
克努森扩散　Knudsen diffusion　04.197

克努森数　Knudsen number　01.075
空间速率　space velocity, SV　04.021
* 空冷器　air-cooled heat exchanger, air cooler　03.294
空气动力直径　aerodynamic diameter　03.627
空气冷却器　air-cooled heat exchanger, air cooler　03.294
空气溜槽　air slide　03.833
空时收率　space time yield, STY　04.022
* 空速　space velocity, SV　04.021
空隙率　voidage　03.455
空隙速度　interstitial velocity　04.248
* 空心叶轮搅拌器　hollow agitator　03.204
孔板流量计　orifice meter　03.134
孔径分布　pore size distribution　04.090
* 孔流系数　discharge coefficient　03.136
* 孔容　pore volume　04.089
孔体积　pore volume　04.089
孔隙率　porosity　04.091
控制变量　control variable　05.030
控制表面　control surface　02.039
控制器匹配　controller adaptation　05.210
控制体积　control volume　02.040
控制线路　control scheme　05.209
枯草杆菌　*Bacillus subtilis*　06.045
库尔特粒度仪　Coulter counter　03.654
块三对角矩阵　block tridiagonal matrix　05.076
快速流化床　fast fluidized bed　04.234
快速流态化　fast fluidization　03.664
框式搅拌器　grid agitator　03.200
框图　block diagram　05.037
扩散　diffusion　03.007
扩散泵　diffusion pump　03.180
扩散控制　diffusion control　04.127
扩散系数　diffusivity, diffusion coefficient　03.008

L

拉瓦尔喷嘴　Laval nozzle　03.129
拉乌尔定律　Raoult's law　02.154
拉西环　Raschig ring　03.428
兰金循环　Rankine cycle　02.099
朗缪尔方程　Langmuir equation　03.555
朗－欣机理　Langmuir-Hinshelwood mechanism, L-H mechanism　04.123
老化　aging　04.113
勒让德变换　Legendre transformation　07.038
雷蒙磨　Raymond mill　03.802
雷诺数　Reynolds number　01.081
[累计]总量表　quantity meter　03.139
类比　analogy　03.021
* 类化学近似　quasi-chemical approximation　02.180
* 类化学溶液模型　quasi-chemical solution model　02.179
冷冻干燥　lyophilization, freeze drying　03.539
冷激　quench　04.221
冷模试验　cold-flow model experiment, mockup experiment　01.051
冷凝　condensation　03.262
冷凝器　condenser　03.291
冷凝热　heat of condensation　02.060
冷却结晶器　cooling crystallizer　03.352
冷却器　cooler, chiller　03.290
离析　segregation　03.225
离线　off-line　05.191
离心泵　centrifugal pump　03.141
离心澄清　centrifugal clarification　06.241
离心纯化　centrifugal purification　06.242
离心萃取器　centrifugal extractor　03.499
离心分离　centrifugal separation　03.680
离心干燥器　centrifugal dryer　03.534
离心过滤机　centrifugal filter　03.764
离心机　centrifuge　03.761
离心压缩机　centrifugal compressor　03.173
离子交换　ion exchange　03.569
离子交换剂　ion exchanger　03.570
离子交换膜　ion exchange membrane　03.603
离子交换平衡　ion exchange equilibrium　03.572
离子交换容量　ion exchange capacity　03.571
离子交换色谱[法]　ion exchange chromatography　03.568

离子迁移 ionic migration 03.745

*理论板当量高度 height equivalent of a theoretical plate, HETP 03.388

理论级 theoretical stage 03.375

理论模型 theoretical model 01.038

理论[塔]板 theoretical plate 03.376

理想功 ideal work 02.078

理想流动 ideal flow 04.144

理想气体 ideal gas 02.147

理想溶液 ideal solution 02.146

里迪尔机理 Rideal mechanism 04.124

砾磨机 pebble mill 03.796

立方型[状态]方程 cubic equation of state 02.121

立方转子链方程 cubic chain of rotator equation, CCOR equation 02.140

立管 standpipe 04.273

粒度 particle size 03.624

粒度分布 particle size distribution 03.625

粒度分级 size classification 03.819

粒度分析 granulometry, grainsize analysis 03.652

粒度分析仪 granulometer, grainsize analyzer 03.653

粒间扩散 interparticle diffusion 04.200

粒径 particle diameter 03.623

粒内扩散 intraparticle diffusion 04.199

*粒形 particle shape 03.638

联管节 coupling 03.123

联立方程法 equation-solving approach, equation-oriented approach 05.046

*联立模块法 two tier approach 05.047

连串反应 consecutive reaction 04.005

连续过程 continuous process 01.021

连续搅拌[反应]釜 continuous stirred tank reactor, CSTR 04.212

连续介质 continuum 03.051

连续培养 continuous culture 06.159

连续热力学 continuous thermodynamics 02.011

连续相 continuous phase 02.214

连续性 continuity 03.079

连续蒸馏 continuous distillation 03.372

链反应 chain reaction 04.065

链节 segment 02.332

链引发 chain initiation 04.066

链增长 chain propagation 04.067

链终止 chain termination 04.068

链转移 chain transfer 04.069

两流体理论 two-fluid theory 02.156

两相流 two-phase flow 03.111

两相模型 two-phase model 04.279

* 两液体理论 two-liquid theory 02.156

量纲分析 dimensional analysis 01.064

量子效应 quantum effect 02.330

料仓松动器 bin activator 03.828

料槽 trough 03.832

料封 material seal 03.827

料腿 dipleg 04.274

*列管换热器 shell-and-tube heat exchanger 03.270

裂缝 crack 03.777

裂核模型 cracking core model 04.142

*林德筛板 Linde sieve tray 03.465

林德循环 Linde cycle 02.108

磷酸己糖旁路途径 hexose phosphate shunt pathway 06.191

临界常数 critical constant 02.128

临界点 critical point 02.129

临界共溶温度 critical solution temperature, consolute temperature 02.133

临界湿含量 critical moisture content 03.517

临界体积 critical volume 02.132

临界温度 critical temperature 02.130

临界压力 critical pressure 02.131

临界指数 critical exponent 02.291

临界转速 critical speed 04.217

淋粒反应器 raining solid reactor 04.299

零假设 null hypothesis 05.221

灵敏度分析 sensitivity analysis 05.165

馏出液 distillate 03.393

流变破坏 rheodestruction 03.077

流变性质 rheological property 03.072

流程模拟 flowsheeting 05.044

流程图 flow sheet, flow diagram 01.024

流程综合 flowsheet synthesis 05.102

流出物 effluent 03.723

流[动] flow 03.049

流动法 flow method 02.029

流动功　flow work　02.042
流动系统　flow system　04.143
*流动型态　flow pattern　03.080
流股　stream　05.041
流股匹配　matching of streams　05.113
流化床反应器　fluidized bed reactor　04.285
流化床干燥器　fluidized bed dryer　03.535
流化床吸附器　fluidized bed adsorber　03.566
流化数　fluidization number　04.251
流化速度　fluidizing velocity　03.668
流加培养　fed batch culture　06.160
流颈　vena contracta　03.107
流量系数　discharge coefficient　03.136
流率加和法　sum-rates method　05.069
流态化　fluidization　03.658
流体　fluid　03.048
流体动力学　fluid dynamics　03.047
流线　streamline　03.081
流线截取　flow-line interception　03.686
流型　flow pattern　03.080
漏斗状流动　funnel flow　03.787
漏液　weeping　03.478
鲁棒过程控制　robust process control　05.208
鲁棒性　robustness　05.189
露点　dew point　03.040
*路径　path　01.027
路径追踪　path tracing　05.058
路易斯-兰德尔规则　Lewis-Randall rule　02.200
滤膜　filtration membrane　06.252
*乱堆填料　dumped packing　03.426
伦纳德-琼斯势　Lennard-Jones potential　02.296
罗茨鼓风机　Roots blower　03.163
螺带混合机　ribbon mixer　03.227
螺带搅拌器　helical ribbon agitator　03.203
螺杆泵　screw pump　03.170
螺杆捏合机　screw mixer　03.221
螺线圈填料　Fenske packing　03.438
螺旋板换热器　spiral plate heat exchanger　03.273
螺旋干燥器　spiral dryer　03.533
螺旋环　spiral ring　03.433
螺旋桨　propeller　04.214
螺旋桨式搅拌器　propeller agitator　03.195
螺旋卷组件　spiral-wound module　03.610
螺旋锥形混合机　cone and screw mixer　03.228
落角　angle of fall　03.647

M

马丁-侯[虞钧]方程　Martin-Hou equation [of state]　02.142
马赫数　Mach number　01.076
马居尔方程　Margules equation　02.196
麦克斯韦关系　Maxwell relation　02.069
脉冲筛板塔　pulsed sieve plate column　03.494
脉冲响应　pulse response　04.176
脉动流化床　pulsating fluidized bed　04.230
*锚地依赖细胞　anchorage-dependent cell　06.181
锚式搅拌器　anchor agitator　03.202
毛细管组件　capillary module　03.612
枚举法　enumeration algorithm　05.121
酶　enzyme　06.019
酶半衰期　half life of enzyme　06.118
酶促电催化　enzymatic electrocatalysis　06.112
酶催化　enzyme catalysis　06.110
酶-底物复合物　enzyme-substrate complex　06.120
酶电极　enzyme electrode　06.064
酶法分析　enzymatic analysis　06.068
酶法水解　enzymatic hydrolysis　06.073
酶反应动力学　enzymatic reaction kinetics　06.121
酶活力　enzyme activity　06.114
酶联免疫吸附测定　enzyme-linked immunosorbent assay, ELISA　06.070
酶免疫分析法　enzyme immunoassay　06.069
酶膜　enzyme membrane　06.113
酶失活　enzyme deactivation　06.127
酶选择性　enzyme selectivity　06.117
[酶]诱导契合学说　induced-fit theory　06.126
酶专一性　enzyme specificity　06.116
霉菌　mold, mould　06.033
蒙特卡罗模拟　Monte Carlo simulation　05.080

* 弥散流　dispersed flow　03.119
弥散模型　dispersion model　04.164
弥散系数　dispersion coefficient　04.165
米氏常数　Michaelis-Menton constant　06.124
米氏动力学　Michaelis-Menton kinetics　06.122
米氏方程　Michaelis-Menton equation　06.123
密度梯度离心　density gradient centrifugation　06.245
密集矩阵　dense matrix　05.092
密孔板　porous plate　04.262
密炼机　Banbury mixer　03.219
密相　dense phase　04.245
幂函数型[动力学]方程　power function type [kinetic] equation　04.132
幂律流体　power-law fluid　03.056
免疫电泳　immune electrophoresis　06.278
免疫吸附　immunoadsorption　06.266
明火加热炉　fired heater　03.293
模糊模型　fuzzy model　05.010
模块　module　05.005
模拟　simulation　01.046
模拟重结晶法　simulated annealing　05.164
模拟器　simulator　05.100
模拟移动床吸附　simulated moving bed adsorption　03.561
模式识别　pattern recognition　05.090
模式搜索　pattern search　05.151
模型　model　01.037
模型辨识　model identification　01.043
模型参数　model parameter　07.041
* 模型试验　bench scale test　01.052
膜　membrane　03.582
膜萃取　membrane extraction　03.606
膜反应器　membrane reactor　04.293
膜扩散控制　film diffusion control　04.128
膜理论　film theory　03.017
膜囊　membrane vesicle　06.135
[膜]渗滤　diafiltration　03.593
膜渗透　membrane permeation　03.583
膜生物反应器　membrane bioreactor　06.213
膜式洗涤器　film scrubber　03.421
膜式蒸发器　film-type evaporator　03.313
膜蒸馏　membrane distillation　03.594
膜状沸腾　film boiling　03.266
膜状冷凝　filmwise condensation　03.264
膜组件　membrane module　03.607
磨蚀　erosion　04.282
磨损　attrition, abrasion　04.281
* 磨细　size reduction　03.771
摩擦力　friction force　03.067
摩擦损失　friction loss　03.090
摩擦因子　friction factor　03.089
莫利尔图　Mollier diagram　02.050
莫诺生长动力学　Monod growth kinetics　06.144
默弗里效率　Murphree efficiency　03.482
母液　mother liquor　03.338
目标函数　objective function　05.138

N

纳米过滤　nanofiltration　03.592
纳氏泵　Nash pump　03.168
内[部]构件　internals　04.275
内部收益率　internal rate of return, IRR　05.243
内插　interpolation　07.045
* 内含性质　intensive property　02.006
内聚功　cohesion work　02.343
内聚能密度　cohesive density　02.316
内扩散　internal diffusion　04.195
内摩擦角　angle of internal friction　03.644
内能　internal energy　02.007
能量耗散　energy dissipation　04.157
能量衡算　energy balance　01.011
能量集成　energy integration　05.105
* 能量平衡　energy balance　01.011
能量守恒定律　law of conservation of energy　02.015
拟均相模型　pseudo-homogeneous model　04.222
拟线性化　quasilinearization　05.149
逆反冷凝　retrograde condensation　02.144
* 逆反凝缩　retrograde condensation　02.144
逆流　countercurrent flow　03.243

逆流洗涤 countercurrent washing 03.747
逆向进料 backward feed 03.322
年龄分布 age distribution 04.178
粘度 viscosity 03.068
粘附功 adhesion work 02.342
粘塑性流体 viscoplastic fluid 03.058
粘弹性流体 viscoelastic fluid 03.061
粘性力 viscous force 03.062
酿酒酵母 *Saccharomyces cerevisiae* 06.046
捏合 kneading 03.214
捏合机 kneader 03.217
*凝并 coalescence 04.186
凝胶过滤 gel filtration 06.246
凝胶过滤色谱[法] gel filtration chromatography 06.286
凝胶免疫电泳 gel immunoelectrophoresis 06.279
凝胶色谱[法] gel chromatography 06.283
凝聚系统 condensed system 02.211
牛顿-拉弗森法 Newton-Raphson method 05.071
牛顿流体 Newtonian fluid 03.054
牛顿收敛法 Newton method for convergence 05.087
浓差扩散 concentration diffusion 03.746
浓度分布 concentration distribution 04.225
浓度[分布]剖面[图] concentration profile 04.226
*浓密机 thickener 03.729
浓缩 concentration 03.309
浓缩酶制剂 concentrated enzyme preparation 06.260
*浓相 dense phase 04.245
努塞特数 Nusselt number 01.077

O

欧拉数 Euler number 01.069
偶极 dipole 02.241
偶极矩 dipole moment 02.242
偶图 bipartite graph 05.126

P

*帕丘卡浸取器 Pachuca extractor 03.511
*排代 displacement 04.146
*排代泵 positive displacement pump 03.140
排风机 fan 03.161
排管 calandria 03.310
*排管蒸发器 calandria type evaporator 03.308
排序 precedence ordering 05.059
盘管 coil 03.288
判据 criterion 01.048
旁路 bypass 04.151
泡点 bubble point 03.041
泡核沸腾 nucleate boiling 03.265
泡沫 foam 03.675
泡罩板 bubble cap tray 03.460
培养 culture, cultivation 06.154
培养基 culture medium 06.155
*配基 ligand 06.289
配体 ligand 06.289
佩克莱数 Peclet number 01.078
喷动床 spouted bed 04.236
喷动床干燥器 spouted bed dryer 03.537
喷动流化床 spouted fluidized bed 04.237
喷发 eruption 04.249
喷淋密度 specific liquid rate, spray density 03.454
喷淋洗涤器 spray scrubber 03.422
喷流 spouting 04.250
喷流干燥器 jet dryer 03.529
喷洒塔 spray column 03.485
喷雾干燥器 spray dryer 03.536
喷洗器 jetter 03.750
膨胀功 expansion work 02.044
膨胀因子 expansion factor 04.080
碰撞 impingement, collision 03.689
皮托管 Pitot tube 03.130
偏差 deviation 07.021
偏离函数 departure function 02.145
偏摩尔焓 partial molar enthalpy 02.187
偏摩尔吉布斯自由能 partial molar Gibbs free

energy 02.188
偏摩尔量 partial molar quantity 02.186
偏摩尔体积 partial molar volume 02.189
偏心因子 acentric factor 02.250
飘浮 levitation 03.667
*频率因子 frequency factor 04.079
贫相 lean phase 04.246
平动配分函数 translational partition function 02.323
平衡常数 equilibrium constant 02.205
平衡分离过程 equilibrium separation process 02.268
平衡釜 equilibrium still 02.270
平衡判据 criterion of equilibrium 02.203
平衡系统 equilibrium system 02.269
平衡蒸馏 equilibrium distillation 03.366
平衡转化[率] equilibrium conversion 02.207
平衡组成 equilibrium composition 02.208
平桨 paddle 04.213
平均停留时间 mean residence time 04.179
平均误差 average error, mean error 07.012
平推流 plug flow 04.147
平行反应 parallel reaction 04.006
平行进料 parallel feed 03.323
平行失活 parallel deactivation 04.118
瓶颈 bottle neck 05.096
评估 evaluation, assessment 01.063
屏蔽泵 canned-motor pump 03.147
坡印亭校正 Poynting correction 02.293
*坡印亭因子 Poynting factor 02.293
破裂 breakage 03.774
破碎 crush, disintegration 03.773
破碎强度 crushing strength 03.784
葡聚糖 glucan, dextran 06.085
*普遍化 generalization 01.057
普朗特数 Prandtl number 01.079
普适方程 generalized equation 01.058
普适化 generalization 01.057
曝气 aeration 06.101

Q

期望值判据 expected value criterion 05.175
起燃 ignition 04.075
起始流化速度 incipient fluidizing velocity 04.243
起始流化态 incipient fluidization 04.242
起子培养 starter culture 06.076
*启发式法则 heuristic rule 05.123
*启发式方法 heuristic method 05.122
气流粉碎机 jet mill 03.806
气流干燥器 pneumatic dryer 03.531
*气膜控制 gas film control 03.030
气泡聚并 bubble coalescence 04.265
气泡流 bubble flow 03.113
气泡云 bubble cloud 04.266
*气泡晕 bubble cloud 04.266
气溶胶 aerosol 03.672
气升 air-lift 03.160
气升式搅拌浸取器 Pachuca extractor 03.511
气提 gas stripping 03.371
气体分布器 gas distributor 04.259
气体渗透 gas permeation 03.584
气相传质系数 gas phase mass transfer coefficient 03.032
气相动能因子 gas phase loading factor 03.450
气相控制 gas phase control 03.030
气液传质设备 gas-liquid mass transfer equipment 03.423
气液平衡 gas-liquid equilibrium, GLE 02.271
汽化器 vaporizer 03.296
汽化热 heat of vaporization 02.057
汽蚀 cavitation 03.158
汽蚀余量 net positive suction head, NPSH 03.159
*汽水分离器 trap 03.324
汽提 steam stripping 03.370
汽相缔合 vapor phase association 02.276
汽液平衡 vapor-liquid equilibrium, VLE 02.274
汽液平衡比 vapor-liquid equilibrium ratio 02.275
迁移 migration 04.198
前馈控制 feedforward control 05.195
前体 precursor 04.121
潜热 latent heat 02.056

浅床　shallow bed　04.239
强度性质　intensive property　02.006
强制对流　forced convection　03.232
强制循环蒸发器　forced circulation evaporator　03.312
强制振荡　forced oscillation　04.061
切口堰　notched weir　03.137
亲和标记　affinity labeling　06.287
亲和超滤　affinity ultrafiltration　06.254
亲和沉淀　affinity precipitation　06.235
亲和膜　affinity membrane　06.253
亲和色谱[法]　affinity chromatography　06.284
亲和势　affinity　02.223
亲和吸附　affinity adsorption　06.264
亲和作用　affinity interaction　06.288
亲水性颗粒　hydrophilic particle　03.712
倾角　angle of inclination　03.649
倾析　decantation　03.724
琼脂电泳　agar electrophoresis　06.277
琼脂过滤　agar filtration　06.247
琼脂扩散　agar diffusion　06.280
琼脂扩散技术　agar diffusion technology　06.281
琼脂糖　agarose　06.084
琼脂糖胶　agarose gel　06.086
球磨机　ball mill　03.795
*球心阀　globe valve　03.125
球形度　sphericity　03.641
曲折因子　tortuosity　04.102
屈尼萃取塔　Kühni extractor　03.497
去污指数　decontamination factor, DF　03.699
权[重]　weight　07.030
全回流　total reflux　03.385
全混　complete mixing, perfect mixing　04.148
全混流　complete mixing flow　04.149
缺省值　default value　05.098
确定性模型　deterministic model　05.006

R

燃尽　burn-out　04.077
染料亲和色谱[法]　dye affinity chromatography　06.285
染料摄入法　dye uptake method　06.071
热泵　heat pump　02.086
热沉降　thermal precipitation　03.692
热点　hot spot　04.193
热管　heat-pipe　03.297
热管换热器　heat-pipe exchanger　03.298
热机　heat engine　02.085
热集成　heat integration　05.106
*热交换器　heat exchanger　03.269
热经济学　thermo-economics　02.097
热扩散　thermal diffusion　04.191
热扩散系数　thermal diffusivity　03.025
热力学第二定律　second law of thermodynamics　02.013
热力学第三定律　third law of thermodynamics　02.014
热力学第一定律　first law of thermodynamics　02.012
热力学概率　thermodynamic probability　02.315
热力学函数　thermodynamic function　02.016
[热力学]环境　surroundings　02.008
[热力学]力　[thermodynamic] force　02.114
热力学平衡　thermodynamic equilibrium　02.017
热力学特性函数　thermodynamic characteristic function　02.329
[热力学]通量　[thermodynamic] flux　02.113
热力学温度　thermodynamic temperature　02.018
热力学效率　thermodynamic efficiency　02.082
热力学性质　thermodynamic property　02.019
热力学一致性检验　thermodynamic consistency test　02.251
*热量传递　heat transfer　03.003
热流[量]　heat flow　03.235
热容流率　heat-capacity flow rate　05.112
热通量　heat flux　03.236
热稳定性　thermal stability　04.192
热线粒度分析仪　hot-wire size analyzer　03.656
热效率　thermal efficiency　02.081
热效应　heat effect　02.055
热阻　thermal resistance　03.246
[人工]神经网络　[artificial] neural network, ANN

05.021
人工智能 artificial intelligence, AI 05.016
人血清清蛋白 human serum albumin, HSA 06.094
融化 thawing 06.232
熔化热 heat of fusion 02.061
溶度积 solubility product 02.283
溶剂 solvent 03.410
溶剂萃取 solvent extraction 03.488
溶剂化 solvation 02.292
溶解度 solubility 03.407
溶[解]度参数 solubility parameter 02.285
溶解热 heat of solution 02.181
溶菌酶 lysozyme 06.023
溶氧探头 dissolved oxygen probe 06.065
溶液 solution 03.408
溶液的依数性 colligative property of solution 02.282
溶液聚合 solution polymerization 04.030
溶液中基团分率 group fraction in solution 02.247
溶质 solute 03.409
容差 tolerance 05.082
容积传氧系数 volumetric oxygen transfer coefficient 06.205
容积式泵 positive displacement pump 03.140
* 容量性质 extensive property 02.005
冗余[度] redundancy 07.063
冗余方程 redundant equation 05.095
柔性 flexibility 05.110
乳化液膜 emulsion liquid membrane 06.257
乳酸菌 lactic acid bacteria 06.077
乳相 emulsion phase 04.253
乳液 emulsion 03.211
乳液聚合 emulsion polymerization 04.031
* 乳浊液 emulsion 03.211
瑞利数 Rayleigh number 01.080
润湿表面积 wetted surface area 03.452
润湿率 irrigation rate 03.453
润湿周边 wetted perimeter 03.104

S

萨瑟兰势 Sutherland potential 02.300
三对角矩阵 tridiagonal matrix 05.073
三通 T-piece, tee 03.122
三相点 triple point 02.122
三相流化床 three-phase fluidized bed 04.241
三相流态化 three-phase fluidization 03.666
三元系[统] ternary system 02.263
* 三组分系统 ternary system 02.263
三羧酸循环 tricarboxylic acid cycle 06.192
散式流态化 particulate fluidization 03.661
散装填料 dumped packing 03.426
色谱电泳 chromatoelectrophoresis 06.276
色谱聚焦 chromatofocusing 06.274
色散力 dispersion force 02.290
砂滤器 sand-bed filter 03.736
砂磨 sand mill 03.804
筛板 sieve tray 03.461
* 筛分 screen analysis 03.814
筛孔直径 sieve diameter 03.626
筛析 screen analysis 03.814
闪蒸 flash, flash evaporation 03.319
闪蒸器 flash evaporator 03.318
熵 entropy 02.047
熵产生 entropy generation, entropy production 02.091
熵衡算 entropy balance 02.090
熵流 entropy flow 02.088
熵增原理 principle of entropy increase 02.087
上清液 supernatant 06.229
* 上相 top phase 06.271
* 上溢 overflow 03.721
烧结 sintering 04.119
烧结料 sintered material 03.770
* 蛇管 coil 03.288
舌形板 jet tray 03.468
舍伍德数 Sherwood number 01.083
* 摄动理论 perturbation theory 02.333
摄取 uptake 06.062
摄氧速率 oxygen uptake rate 06.207
射流穿透长度 jet penetration length 04.264

射流反应器　jet reactor　04.292
设计变量　design variable　05.015
设计型　design mode　05.065
深层发酵　deep submerged fermentation　06.171
神经网络训练　neural network training　05.026
神经元　neuron　05.024
渗滤　percolation　03.742
渗滤器　percolation extractor　03.507
渗滤液　percolate　03.743
* 渗透理论　penetration theory　03.019
渗透率　permeability　03.586
渗透通量　permeation flux　03.587
渗透物　permeate　03.613
渗透系数　osmotic coefficient　02.166
渗透压　osmotic pressure　02.165
渗透蒸发　pervaporation　03.595
渗透[作用]　osmosis　02.164
渗析　dialysis　03.589
渗析培养　dialysis culture　06.165
渗析器　dialyzer, dialyzator　06.261
渗析液　dialyzate　06.262
渗余物　retentate　03.614
声聚　sonic agglomeration　03.693
生产排序　scheduling of production　05.177
生长动力学　growth kinetics　06.141
生长收率　growth yield　06.200
生长收率系数　growth yield coefficient　06.185
生长速率　growth rate　06.142
生长因子　growth factor　06.089
生成热　heat of formation　02.066
生化分离　biochemical separation　06.216
生化工程　biochemical engineering　01.006
生化热力学　biochemical thermodynamics　02.009
生化需氧量　biochemical oxygen demand, BOD　06.198
生物测定　bioassay　06.067
生物传感器　biosensor　06.063
生物催化反应　biocatalytic reaction　06.107
生物催化剂　biocatalyst　06.108
生物大分子　biomacromolecule　06.079
生物电池　biocell　06.106
生物反应器　bioreactor　06.208
生物分离　bioseparation　06.217
生物腐蚀　biodeterioration　06.104
生物工程　bioengineering　06.003
生物功能试剂　biofunctional reagent　06.082
生物过程　bioprocess　06.002
生物技术　biotechnology　06.001
生物浸取　bioleaching　03.512
生物聚合物　biopolymer　06.080
生物可利用率　bioavailability　06.066
生物量　biomass　06.153
生物滤器　biological filter　06.248
生物特异性连接　biospecifically binding　06.140
生物絮凝过程　bioflocculation process　06.105
生物氧化　biological oxidation　06.111
生物制剂　biological agent　06.081
生物质　biomass　06.152
生物转化　biotransformation, bioconversion　06.109
升膜蒸发器　climbing-film evaporator　03.315
* 剩余贡献　residual contribution　02.234
* 剩余焓　residual enthalpy　02.228
* 剩余熵　residual entropy　02.230
* 剩余体积　residual volume　02.229
* 剩余项　residual term　02.233
* 剩余性质　residual property　02.227
失活　deactivation, inactivation　04.116
施密特数　Schmidt number　01.082
湿壁塔　wetted wall column　03.418
湿度图　psychrometric chart　03.044
湿法分离　wet separation　03.682
湿含量　moisture content　03.516
湿球温度　wet bulb temperature　03.042
湿物料　moist material　03.515
时间序列模型　time series model　05.008
实际[塔]板　actual plate　03.377
示范装置　demonstration unit　01.055
示踪剂　tracer　04.171
事件矩阵　occurrence matrix　05.056
噬菌体　phage　06.039
* 适应性　flexibility　05.110
释放角　angle of release　03.651
视密度　apparent density　03.634
收敛　convergence　07.028
收敛判据　convergence criterion　05.083
收率　yield　04.018

手性分离　chiral separation　06.220
寿命　lifetime　04.020
寿命分布　life distribution　04.177
受阻沉降　hindered sedimentation　03.727
输出层　output layer　05.023
输出集　output set　05.060
输入层　input layer　05.022
[输送]分离高度　transport disengaging height, TDH　04.255
* 输运现象　transport phenomenon　01.009
疏水器　trap　03.324
疏水色谱[法]　hydrophobic chromatography　06.282
疏水性颗粒　hydrophobic particle　03.711
数据处理　data processing　07.052
数据检索　data retrieval　07.054
* 数据校正　data reconciliation　07.055
数据库　database, databank　07.053
数据拟合　data fitting　07.047
数据筛选　data screening　07.056
数据调谐　data reconciliation　07.055
数式化　formulation　05.142
数值分析　numerical analysis　07.034
双臂捏合机　double arm kneading mixer　03.218
双层法　two tier approach　05.047
双层θ网环　Borad ring　03.435
双结点溶度曲线　binodal solubility curve　02.284
双螺带混合机　double helical ribbon mixer　03.216
双螺杆挤出机　twin screw extruder　03.223
双膜理论　two-film theory　03.018
双曲线型[动力学]方程　hyperbolic type [kinetic] equation　04.131
双水相萃取　aqueous two-phase extraction　06.270
* 双水相体系　aqueous two-phase system　06.269
双水相系统　aqueous two-phase system　06.269
* 双组分混合物　binary mixture　03.389
水锤　water hammer　03.109
水合热　heat of hydration　02.185
水力半径　hydraulic radius　03.103
水力平均直径　hydraulic mean diameter　03.102
水平列管蒸发器　evaporator with horizontal tubes　03.307
水溶胶　hydrosol　03.708
* 水洗　washing, scrubbing　03.504
水跃　hydraulic jump　03.108
水蒸汽蒸馏　steam distillation　03.398
瞬时反应　instantaneous reaction　04.008
* 瞬态　transient state　01.015
顺向进料　forward feed　03.321
斯坦顿数　Stanton number　01.084
斯特藩-玻耳兹曼定律　Stefan-Boltzmann law　03.259
斯托克迈尔势　Stockmeyer potential　02.301
斯托克斯直径　Stokes diameter　03.629
死区　dead zone　04.180
死态　dead state　02.074
死亡期　death phase　06.147
松弛变量　slack variable　05.033
松弛法　relaxation method　05.068
速度分布　velocity distribution　03.094
速度[分布]剖面[图]　velocity profile　03.095
塑性流体　plastic fluid　03.057
算法　algorithm　05.013
算法合成技术　algorithmic synthesis technique　05.125
算术平均温差　arithmetic mean temperature difference　03.241
随机抽样　random sampling　07.009
随机过程　stochastic process, random process　07.032
随机控制　stochastic control　05.204
随机模型　stochastic model　05.007
随机搜索　random search　05.153
随机误差　random error　07.015
碎裂　fragmentation　03.775
隧道干燥器　tunnel dryer　03.525
损失功　lost work　02.079
缩核模型　shrinking core model　04.138
* 缩扩喷嘴　converging-diverging nozzle　03.129
* 缩脉　vena contracta　03.107
索特平均直径　Sauter mean diameter　03.628
锁钥学说　lock-and-key theory　06.125

T

塔板　plate, tray　03.374
塔板间距　tray spacing　03.471
[塔]板效率　plate efficiency, tray efficiency　03.479
塔内件　column internals　03.443
台架试验　bench scale test　01.052
泰勒标准筛　Tyler standard sieve　03.818
肽　peptide　06.018
弹簧管压力计　Bourdon gauge　03.132
弹性　resilience　05.109
糖化作用　saccharification　06.074
糖酵解途径　glycolytic pathway　06.190
糖类　saccharide　06.014
淘析　sluice separation　03.714
套管换热器　double-pipe heat exchanger　03.271
套管冷却结晶器　double-pipe cooler crystallizer, votator apparatus　03.359
特性曲线　characteristic curve　03.154
特征长度　characteristic length　04.037
特征时间　characteristic time　04.038
*腾涌　slugging　04.227
梯度　gradient　01.034
梯度法　gradient method　05.156
提斗浸取器　bucket-elevator extractor　03.506
提馏　stripping　03.369
提馏段　stripping section　03.392
提升管　riser　04.271
*体积传氧系数　volumetric oxygen transfer coefficient　06.205
体积功　volume work　02.027
*体积流量　volumetric flow rate　03.096
体积流率　volumetric flow rate　03.096
*体积流速　volumetric flow rate　03.096
体积效率　volumetric efficiency　04.208
体内　*in vivo*　06.050
体外　*in vitro*　06.051
*体系　system　02.001
填料塔　packed column　03.424
填料因子　packing factor　03.449
填料支承板　supporting plate　03.458
调优操作　evolutionary operation, EVOP　05.212
调优法　evolutionary method　05.124
跳汰流化床　jigged fluidized bed　04.238
跳跃速度　saltation velocity　04.161
贴壁细胞　anchorage-dependent cell　06.181
停留时间　residence time　04.172
停留时间分布　residence time distribution, RTD　04.173
停留时间分布密度函数　residence time distribution density function　04.174
通断控制　on-off control　05.196
通过量　throughput　04.252
通量　flux　01.056
通量密度　flux density　03.730
通量密度矢量　flux density vector　02.117
通用简约梯度法　general reduced gradient method, GRG method　05.157
同化　assimilation　06.047
同伦拓展法　homotopic continuation method　05.180
同时反应　simultaneous reaction　04.007
同时校正法　simultaneous correction method　05.070
*同向流　co-current flow　03.242
桶式浸取　vat leaching　03.510
统计模型　statistical model　01.041
统计权重　statistical weight　02.326
统计热力学　statistical thermodynamics　02.311
统计熵　statistical entropy　02.327
投入产出　input-output　05.176
投资回收期　payback period　05.240
投资收益率　rate of return on investment, ROI　05.241
透射率　transmissivity　03.253
*透析　dialysis　03.589
*透析培养　dialysis culture　06.165
*透析器　dialyzer, dialyzator　06.261
*透析液　dialyzate　06.262
突变模型　catastrophic model　05.011

*突然扩大　sudden enlargement　03.105
*突然缩小　sudden contraction　03.106
*H－i图　enthalpy-humidity chart　03.046
M－T图　McCabe-Thiele diagram　03.382
*P－S图　Ponchon-Savarit diagram　02.051
*T－H图　temperature-humidity chart　03.045
图解法　graphical method　07.036
图象分析仪　Quantimet　03.657
途径　path　01.027
*E－M途径　Embden-Meyerhof pathway　06.190
湍动流化床　turbulent fluidized bed　04.232
湍流　turbulent flow　03.083
团聚　agglomeration　03.768
团块　agglomerate　03.769
*团状流　slug flow　03.116
推动力　driving force　01.035
推理机　inference engine　05.019
推理控制　inferential control　05.206
脱附　desorption　03.413
脱附控制　desorption control　04.126
脱气　deaeration　03.826
脱水　dewatering　03.749
脱氧核糖核酸　deoxyribonucleic acid, DNA　06.012

W

外扩散　external diffusion　04.196
外推　extrapolation　07.046
弯曲表面　curved surface　02.340
弯头　elbow　03.121
碗形磨　bowl mill　03.803
网鞍填料　McMahon packing　03.436
网波纹填料　corrugated wire gauze packing　03.439
θ网环　Dixon ring　03.434
网孔塔板　perform tray　03.469
网筛　mesh screening　03.815
往复板萃取塔　reciprocating plate column, Karr column　03.495
往复泵　reciprocating pump　03.143
往复式活塞压缩机　reciprocating piston compressor　03.171
威尔逊方程　Wilson equation　02.198
微波干燥　microwave drying　03.541
微分反应器　differential reactor　04.203
微分检验[法]　differential test　02.253
微分溶解热　differential heat of solution　02.183
微分蒸馏　differential distillation　03.365
微观混合　micromixing　04.187
微观流体　microfluid　04.188
微胶囊　microcapsule　06.134
微孔　micropore　04.088
微[孔过]滤　microfiltration　03.590
微孔过滤器　microporous filter　06.259
微孔膜　microporous membrane　03.599
微粒学　micromeritics　03.616
微扰理论　perturbation theory　02.333
微扰硬链理论　perturbed hard chain theory, PHC theory　02.294
微生物　microorganism　06.030
[微]元　element　01.019
微载体　microcarrier　06.137
微正则配分函数　microcanonical partition function　02.322
微正则系综　microcanonical ensemble　02.321
危险指数　hazard index　05.230
韦伯数　Weber number　01.085
韦格斯坦法　Wegstein method　05.088
韦斯模数　Weisz modulus　04.134
唯象系数　phenomenological coefficient　02.116
*维里方程　virial equation　02.141
尾流　wake　04.267
*尾涡　wake　04.267
未反应核模型　unreacted core model　04.139
位力方程　virial equation　02.141
位形配分函数　configurational partition function　02.304
位形性质　configurational property　02.286
温差　temperature difference　03.239
温度分布　temperature distribution　03.250
温度[分布]剖面[图]　temperature profile　03.251
温度梯度　temperature gradient　03.245
温湿图　temperature-humidity chart　03.045

文丘里管　Venturi tube　03.128
文丘里流量计　Venturi meter　03.133
文丘里洗涤器　Venturi scrubber　03.705
＊稳定期　stationary phase　06.145
稳定条件　condition for stability　02.031
稳定性　stability　04.039
稳定性分析　stability analysis　04.040
＊稳定状态　stable state　01.012
稳态　stable state　01.012
＊稳态　steady state　01.016
＊稳态模拟　steady-state simulation　05.035
＊紊流　turbulent flow　03.083
蜗壳　volute　03.153
涡流　eddy flow　04.155
涡流扩散　eddy diffusion　03.011
涡流扩散系数　eddy diffusivity　03.012
涡轮　turbine　04.215
涡轮泵　turbine pump　03.146
涡轮鼓风机　turboblower　03.165
涡轮搅拌器　turbine agitator　03.197
涡轮压缩机　turbocompressor　03.174
涡旋　vortex　03.084
沃尔展开式　Wohl expansion　02.202
污垢　scale, fouling　03.247
无菌操作　aseptic technique, sterile operation　06.174
无量纲数群　dimensionless group　01.065
无热溶液　athermal solution　02.151
无梯度反应器　gradientless reactor　04.206
无限稀释　infinite dilution　02.266
＊无效能　anergy　02.084
无血清培养　serum-free culture　06.167
无约束优化　unconstrained optimization　05.144
炁　anergy　02.084
雾　mist　03.674
雾化　atomization　03.690
[雾沫]夹带　entrainment　03.477
雾状流　spray flow　03.118
物理吸附　physical adsorption　03.546
物理吸收　physical absorption　03.403
物理㶲　physical exergy　02.093
物料衡算　material balance　01.010
＊物料平衡　material balance　01.010
物流　stream　01.025
误差传递　propagation of error　07.019
误差平方和　sum of the squares of errors　07.020

X

析因设计　factorial design　05.215
析因实验　factorial experiment　07.051
吸附　adsorption　03.542
吸附等温线　adsorption isotherm　03.549
吸附剂　adsorbent　03.543
吸附控制　adsorption control　04.125
吸附平衡　adsorption equilibrium　03.548
吸附器　adsorber　03.564
吸附热　heat of adsorption　02.341
吸附容量　adsorption capacity　03.547
吸附势　adsorption potential　03.550
吸附速率　adsorption rate　03.554
吸附质　adsorbate　03.544
吸热反应　endothermic reaction　04.011
吸收　absorption　03.402
吸收等温线　absorption isotherm　03.405
吸收率　absorptivity　03.252
吸收热　heat of absorption　02.063
吸收速率　absorption rate　03.406
吸收因子　absorption factor　03.415
吸收制冷　absorption refrigeration　02.105
＊吸液　imbibition　03.691
稀释热　heat of dilution　02.184
稀疏矩阵　sparse matrix　05.093
稀相　dilute phase　04.244
熄灭　extinction　04.076
洗出液　eluate　03.576
洗涤　washing, scrubbing　03.504
洗涤塔　column washer, column scrubber　03.751
洗涤液　washings　03.752
洗脱　elution　03.575
系统　system　02.001
＊系线　tie line　02.260
细胞抽提物　cell extract　06.227

细胞分离　cell separation　06.222
细胞负载　cell loading　06.139
细胞密度　cell density　06.178
细胞培养　cell culture　06.156
细胞破碎　cell disruption　06.223
细胞融合　cell fusion　06.052
细胞溶解　cell lysis, cytolysis　06.224
细胞收集　cell harvesting　06.179
细胞碎片　cell debris　06.225
细胞悬浮培养　cell suspension culture　06.157
细胞匀浆　cell homogenate　06.230
细胞周期　cell cycle　06.148
细菌　bacteria　06.032
细颗粒　fine particle　03.621
细孔　mesopore　04.087
*下漏　underflow　03.722
*下相　bottom phase　06.272
下游处理　downstream processing　06.214
下游过程　downstream process　06.215
纤维素酶　cellulase　06.021
显式法　explicit method　05.079
显著性序贯检验　sequential significance test　05.220
现金流通图　cash-flow diagram　05.234
现值　present value　05.236
*线段　segment　02.332
线性规划　linear programming, LP　05.130
相对挥发度　relative volatility　03.364
相对湿度　relative humidity　03.039
相邻矩阵　adjacency matrix　05.055
相似理论　theory of similarity　01.049
相　phase　02.212
相变　phase change　02.217
相间交换系数　interphase exchange coefficient　04.278
相律　phase rule　02.216
相平衡　phase equilibrium　02.215
相图　phase diagram　02.219
相转移　phase transfer　02.220
厢式干燥器　tray dryer, shelf dryer, compartment dryer　03.524
项目评审技术　project evaluation and review technique, PERT　05.179
小中取大效用判据　maximin-utility criterion　05.173
协方差　covariance　07.026
卸料器　dumper　03.831
信号流图　signal flow diagram　05.048
信息板　information board　05.218
信息流图　information flow diagram　05.049
U形管换热器　U-tube heat exchanger, hairpin tube heat exchanger　03.277
形状系数　shape factor　03.640
性能系数　coefficient of performance, COP　02.102
休止角　angle of repose　03.643
*修正密度　effective density　03.637
虚拟变量　pseudo-variable　05.032
虚拟参数　pseudo-parameter　02.244
蓄热器　recuperator, heat accumulator　03.289
序贯模块法　sequential modular approach　05.045
序贯设计　sequential design　07.050
序列关联　serial correlation　05.219
絮凝　flocculation　03.718
絮凝反应　flocculation reaction　06.236
絮凝剂　flocculant　03.719
絮凝物　flocculate　06.237
悬浮　suspension　03.209
悬浮聚合　suspension polymerization　04.032
悬浮体　suspensoid　03.709
悬浮细胞　suspension cell　06.180
悬浮液　suspension　03.208
悬筐蒸发器　basket-type evaporator　03.311
旋风分离器　cyclone　03.701
旋风洗涤器　cyclone scrubber　03.420
旋筐反应器　rotating-basket reactor　04.205
[旋]涡　eddy　04.154
旋液分离器　hydrocyclone　03.744
旋转萃取器　rotating extractor　03.500
旋转闪蒸干燥器　spin flash dryer　03.532
选择性　selectivity　04.019
选择性控制　selective control　05.202
选择性系数　selectivity coefficient　03.579
循环　recycle　01.026
循环法　circulation method　02.054
循环反应器　recirculation reactor　04.288
循环过程　cyclic process　02.022

循环流化床 circulating fluidized bed 04.235
驯化 acclimation 06.099
驯化污泥 acclimation sludge 06.100

Y

压板 hold-down plate 03.442
压焓图 pressure-enthalpy diagram 02.053
压降 pressure drop 03.091
压块 briquetting 03.822
压片 tabletting 03.821
压容图 pressure-volume diagram 02.052
压缩功 compression work 02.045
压缩机 compressor 03.169
压缩因子 compressibility factor 02.120
压缩制冷 compression refrigeration 02.100
压延孔板波纹填料 protruded corrugated sheet packing 03.440
压延孔环 Cannon ring 03.437
压榨 expression 03.758
压榨常数 expression constant 03.760
压榨速率 expression rate 03.759
雅可比矩阵 Jacobian matrix 05.072
亚稳区 metastable region 03.335
亚稳态 metastable state 01.014
烟 smoke 03.676
烟雾 fume 03.677
盐效应 salt effect 02.235
严格法 rigorous method 05.063
研究与开发 research and development, R&D 01.061
研磨 grind 03.772
研磨辅料 grinding additive 03.811
研磨介质 grinding medium 03.812
研磨能力 mill capacity 03.783
研磨效率 mill efficiency 03.782
延时曝气 extended aeration 06.102
延性物料 ductile material 03.766
堰高 weir height 03.475
堰上溢流液头 height of crest over weir 03.476
*厌气细菌 anaerobic bacteria 06.042
厌氧培养 anaerobic culture 06.169
厌氧细菌 anaerobic bacteria 06.042
扬程 height, head, lift 03.156
扬量 capacity 03.157
扬析 elutriation 04.256
扬析常数 elutriation constant 04.257
阳离子交换剂 cation exchanger 03.578
氧传递 oxygen transfer 06.202
氧收率系数 oxygen yield coefficient 06.187
样条函数 spline function 05.091
摇瓶培养 shake-flask culture 06.166
噎塞 choking 04.228
耶特算法 Yate's algorithm 05.223
叶轮 impeller 03.152
叶轮搅拌器 impeller agitator 03.198
叶片式鼓风机 vane type blower 03.166
曳力 drag force 03.064
曳力系数 drag coefficient 03.065
液泛 flooding 03.444
*液固萃取 liquid-solid extraction 03.501
液化热 heat of liquefaction 02.059
液环泵 liquid-ring pump 03.167
液膜 liquid membrane 03.605
*液膜控制 liquid film control 03.031
液态空速 liquid hourly space velocity, LHSV 04.023
液体渗透 liquid permeation 03.585
液相传质系数 liquid phase mass transfer coefficient 03.033
液相控制 liquid phase control 03.031
液液萃取 liquid-liquid extraction 03.487
液液平衡 liquid-liquid equilibrium, LLE 02.272
液柱静压头 hydrostatic head 03.303
液柱压力计 manometer 03.131
一级相变 first-order phase transition 02.152
一维模型 one-dimensional model 04.223
*遗传工程 genetic engineering 06.059
移动床反应器 moving bed reactor 04.286
移动床吸附器 moving bed adsorber 03.565
胰岛素 insulin 06.096
抑制 inhibition 04.071

抑制剂　inhibitor　04.072
易碎性　fragility　03.776
逸度　·fugacity　02.149
逸度系数　fugacity coefficient　02.150
疫苗　vaccine　06.088
溢流　overflow　03.721
溢流堰　overflow weir　03.474
异化　dissimilation　06.048
＊因次分析　dimensional analysis　01.064
＊F 因子　F factor　03.450
j 因子　j-factor　03.022
j_D 因子　j_D-factor　03.024
j_H 因子　j_H-factor　03.023
阴离子交换剂　anion exchanger　03.577
引发剂　initiator　04.073
隐含层　hidden layer　05.025
隐枚举法　implicit enumeration method　05.148
隐式法　implicit method　05.078
应变能　strain energy　03.780
应力集中　stress concentration　03.779
影式模型　cinematic model　05.081
硬球　hard sphere　02.331
㶲　exergy, availability　02.083
㶲分析　exergy analysis, availability analysis　02.096
㶲衡算　exergy balance　02.095
㶲损失　exergy loss　02.089
涌料　flushing　03.788
优化　optimization　05.129
游离酶　free enzyme　06.025
游离水分　free moisture　03.518
有限差分法　method of finite difference　05.181
有限元法　finite element method　05.182
有向图　digraph　05.228
有效导热系数　effective thermal conductivity　04.194
有效扩散系数　effective diffusivity　03.016
有效密度　effective density　03.637
＊有效能　exergy, availability　02.083
＊有效能分析　exergy analysis, availability analysis　02.096
＊有效能衡算　exergy balance　02.095
有效系数　effectiveness coefficient　04.136
有效因子　effectiveness factor　04.135
诱导偶极　induced dipole　02.243
诱导期　induction period　04.074
＊淤浆　slurry, pulp　03.710
淤泥　sludge　03.757
阈[值]　threshold　01.045
预测　prediction　07.007
预分布　predistribution　04.184
预估控制　predictive control　05.205
预估值　prior estimate　05.224
预热器　preheater　03.295
原料　feedstock, raw material　01.028
原型试验　prototype experiment　01.054
圆盘干燥器　disk dryer　03.528
圆盘磨　disc attrition mill　03.809
圆盘塔　disc column　03.419
圆形度　circularity　03.642
圆周速度　peripheral speed　03.191
圆锥破碎机　cone crusher　03.791
约束[条件]　constraint　05.139
约束优化　constrained optimization　05.143
匀化　homogenization　03.185
匀化器　homogenizer　03.186
运动粘度　kinematic viscosity　03.071

Z

杂交　hybridization　06.056
杂交瘤　hybridoma, hybrid tumor　06.057
杂菌感染　microbial contamination　06.173
载点　loading point　03.447
载热体　heating medium, heat transfer medium, heat carrier　03.299
载体　carrier, supporter　04.106
载液　loading　03.446
再沸器　reboiler　03.378
再生　regeneration　04.114
再生器　regenerator　04.296
在线　on-line　05.190

暂态 transient state 01.015
藻类 algae 06.040
噪声水平 noise level 05.225
造粒 granulation, pelletizing 03.824
择形催化 shape selective catalysis 04.083
择形性 shape selectivity 04.105
增稠器 thickener 03.729
增强因子 enhancement factor 04.137
增湿 humidification 03.037
*增殖动力学 growth kinetics 06.141
*增殖收率系数 growth yield coefficient 06.185
闸阀 gate valve 03.126
闸函数 barrier function 05.161
涨落 fluctuation 04.159
胀塑性 dilatancy 03.075
胀塑性流体 dilatant fluid 03.060
赵[广绪]-西得方法 Chao-Seader's method 02.143
*折流板 baffle 03.280
*折现收益率 discounted cash flow rate of return 05.243
*褶点 plait point 03.491
真空泵 vacuum pump 03.178
真空干燥 vacuum drying 03.540
真空过滤机 vacuum filter 03.737
真空结晶 vacuum crystallization 03.348
真空蒸馏 vacuum distillation 03.400
真密度 true density 03.633
真实气体 real gas 02.126
真实组成 real composition 02.236
震凝性 rheopexy 03.074
振荡 oscillation 04.060
振动流化床 vibrated fluidized bed 04.231
振动配分函数 vibration partition function 02.325
振动筛 vibrating screen 03.816
振实密度 tap density 03.636
蒸发 evaporation 03.302
蒸发结晶 evaporative crystallization 03.350
蒸发结晶器 evaporative crystallizer 03.351
蒸发冷却 evaporative cooling 03.355
蒸发热 heat of evaporation 02.058
蒸馏 distillation 03.362
蒸汽喷射泵 steam jet ejector 03.179
*整合 integration 05.103
整数规划 integer programming, IP 05.133
整体通气器 bulk aerator 03.213
整装催化剂 monolithic catalyst 04.028
整装填料 structured packing 03.427
正规溶液 regular solution 02.159
正交配置 orthogonal collocation 05.183
正则配分函数 canonical partition function 02.318
正则系综 canonical ensemble 02.317
支撑液膜 immobilized liquid membrane, supported liquid membrane 06.256
支链 branched chain 04.070
知识工程 knowledge engineering 05.017
知识库 knowledge base 05.020
脂质 lipid 06.017
直方图 histogram 05.227
直观推断法 heuristic method 05.122
直观推断法则 heuristic rule 05.123
直接代入法 direct substitution 05.085
直接加热型蒸发器 evaporator with direct heating 03.304
直接搜索法 direct search method 05.150
直列管排 in-line tube arrangement 03.282
指[数]前因子 pre-exponential factor 04.079
止逆阀 check valve 03.127
置换 displacement 04.146
置信水平 confidence level 07.010
置信限 confidence limit 07.011
置信域 confidence region 07.064
制冷循环 refrigeration cycle 02.104
*质量传递 mass transfer 03.004
质量流 mass flow 03.050
*质量流量 mass flow rate 03.097
质量流率 mass flow rate 03.097
质量流速 mass velocity 03.098
质量通量 mass flux 03.099
*滞流 laminar flow, streamline flow 03.082
中国化工学会 Chemical Industry and Engineering Society of China, CIESC 01.086
中间产物 intermediate product 01.032
中间加热器 side heater 03.380
中间冷却器 side cooler 03.381
中间试验装置 pilot plant 01.053

中空纤维组件 hollow-fiber module 03.611
* 中试装置 pilot plant 01.053
中温菌 mesophile 06.037
中央循环管蒸发器 calandria type evaporator 03.308
终端速度 terminal velocity 03.670
中毒 poisoning 04.108
重力沉降 gravity settling 03.685
重力分离 gravity separation 03.679
轴功 shaft work 02.041
轴流泵 axial flow pump 03.144
骤扩 sudden enlargement 03.105
* 骤冷 quench 04.221
骤缩 sudden contraction 03.106
逐次逼近 successive approximation 05.163
逐次二次规划 successive quadratic programming, SQP 05.134
逐级计算法 stage-by-stage method 05.067
助催化剂 promoter, co-catalyst 04.027
助滤剂 filter aid 03.735
专家系统 expert system, ES 05.018
转带浸取器 belt extractor 03.508
转动配分函数 rotational partition function 02.324
转鼓混合机 tumbler mixer 03.226
转化 conversion, transformation 04.016
转化率 conversion 04.017
转盘塔 rotating disc contactor, RDC 03.496
转筒真空过滤机 rotary vacuum drum filter 03.740
转子流量计 rotameter 03.135
状态变量 state variable 05.014
状态方程 equation of state, EOS 02.119
追赶法 chasing method 05.075
准化学近似 quasi-chemical approximation 02.180
准化学溶液模型 quasi-chemical solution model 02.179
准静态过程 quasi-static process 02.025
准确度 accuracy 07.022
浊度 turbidity 03.755
浊度计 turbidometer 03.756
子系统 subsystem 05.002
自发过程 spontaneous process 02.023
自磨机 autogenous mill 03.800
自然对流 natural convection 03.231
自然循环蒸发器 natural circulation evaporator 03.306
自热反应 autothermal reaction 04.015
自溶 autolysis 06.218
自适应控制 adaptive control 05.201
自吸搅拌器 hollow agitator 03.204
自由沉降 free sedimentation 03.726
自由沉降速度 free falling velocity 03.669
自由度 degree of freedom 02.218
* 自由焓 Gibbs free energy 02.071
自由空间 freeboard 04.258
* 自由能 Helmholtz free energy 02.070
* 自由水分 free moisture 03.518
总传热系数 overall heat transfer coefficient 03.237
总传质单元高度 height of overall transfer unit 03.036
总传质单元数 number of overall transfer units 03.035
总传质系数 overall mass transfer coefficient 03.034
总能 total energy 02.080
总体速率 global rate 04.053
总体最优[值] global optimum 05.166
总压法 total pressure method 02.232
组合规则 combining rule 02.239
组合流动模型 composite flow model 04.181
组合项 combinatorial term 02.254
组织 tissue 06.053
最大混合度 maximum mixedness 04.185
最大似然原理 maximum likelihood principle 07.039
最低容许收益率 minimum acceptable rate of return, MARR 05.242
最概然分布 most probable distribution 07.040
最小二乘法 least square method 07.035
最小回流比 minimum reflux ratio 03.386
* 最小流化速度 minimum fluidizing velocity 04.243
* 最小流化态 minimum fluidization 04.242
* 最优化 optimization 05.129